Hilary Evans ist Sozialwissenschaftler und hat zahlreiche Bücher veröffentlicht. Er hält regelmäßig Vorträge über UFOs und andere außergewöhnliche Phänomene. Er ist Vorstandsmitglied der Society for Psychical Research und Gründungsmitglied der ASSAP.

Deutsche Erstausgabe 1988

Titel der Originalausgabe »The Evidence for UFOs«
Originalverlag Thorsons, London

Umschlaggestaltung Adolf Bachmann
Umschlagillustration Christian Dekelver
Satz Ludwig Auer, Donauwörth
Druck und Bindung Ebner Ulm
Printed in Germany 5
ISBN 3-426-03779-3

Hilary Evans:
Beweise: UFOs

Mit zahlreichen Abbildungen

Aus dem Englischen von Ricarda Strobel-Faulstich

Knaur

Inhaltsverzeichnis

Die Reihe »BEWEISE« wurde vom Verlag »The Aquarian Press« in Zusammenarbeit mit ASSAP (Association for the Scientific Study of Anomalous Phenomena – Gesellschaft zur wissenschaftlichen Untersuchung nicht-normaler Erscheinungen) unter Leitung von Hilary Evans herausgegeben. Jedes Buch der Reihe gibt auf dem neuesten Stand der Forschung eine umfassende, unparteiische Einschätzung des derzeit vorhandenen Beweismaterials für ein bestimmtes Phänomen.
Jedes Buch ist von einem anerkannten Fachmann auf dem jeweiligen Gebiet geschrieben, der sowohl die Tatsachen umfassend darstellen als sie auch im Lichte seiner eigenen Erfahrung und von Forschungen aus erster Hand analysieren kann.

ASSAP (Association for the Scientific Study of Anomalous Phenomena) wurde 1981 als Zusammenschluß von Leuten gegründet, die Forschungen auf verschiedenen Gebieten des Nicht-Normalen betreiben. Sie steht nicht mit anderen Gesellschaften oder Organisationen im Wettbewerb, sondern dient als Verbindungsorganisation, die Mitgliedern verschiedener Gruppen Gelegenheit zu Meinungsaustausch und Information, sowie Zugang zu gemeinsamem Quellenmaterial geben soll. Die ASSAP gibt eigene Publikationen heraus, hat ihr eigenes Forschungsarchiv, eine Bibliothek und andere Einrichtungen und hält regelmäßig öffentliche Konferenzen und Fortbildungs-Abende in verschiedenen Teilen Großbritanniens ab; dabei arbeitet die ASSAP mit örtlichen Gruppen zusammen, oder wo es keine gibt, gründet sie eine eigene Ortsgruppe.
Unter den Mitgliedern von ASSAP sind Leute in allen Lebenssituationen, denen die Überzeugung gemeinsam ist, daß ein wissenschaftlicher Ansatz am wahrscheinlichsten zur Lösung dieser Rätsel führt; sie sind einerseits weder unkritische »Gläubige«, noch andererseits verbohrte Zweifler, sondern sie sind bereit zu akzeptieren, was das

Beweismaterial erbringen wird. Wenn Ihnen diese Einstellung zusagt und wenn Sie sich gerne aktiv an unserer aufregenden Suche nach der Wahrheit beteiligen möchten, könnten sie erwägen, unserer Gesellschaft beizutreten.

Alle Abbildungen wurden von der Mary Evans Picture Library zur Verfügung gestellt. Der Autor dankt den Photographen und Künstlern, die die Genehmigung zum Abdruck ihrer Bilder gegeben haben. Für die Fälle, in denen der Inhaber der Rechte nicht ausgemacht werden konnte, bittet er um Entschuldigung.

Vorbemerkung: Der Wert der Berichte

Das Beweismaterial für UFOs besteht aus Berichten von Augenzeugen, die durch eine Untersuchung überprüft wurden. Grundsätzlich beschreibt der Augenzeuge, was er beobachtet hat. Dann schätzt der Forscher den Bericht im Lichte der physikalischen Gegebenheiten, der Persönlichkeit des Zeugen, seines sozialen Zusammenhangs und anderer Faktoren ein. Deshalb sind die Berichte unterschiedlich wertvoll, sowohl nach der Vertrauenswürdigkeit und der Beobachtungsgabe des Zeugen als auch nach der Glaubwürdigkeit und dem Geschick beim Berichten auf seiten des Untersuchenden.
Natürlich sind sehr viele Fälle als wissenschaftliche Beweise unbrauchbar, und noch mehr muß man als zweifelhaft betrachten. Die auf den folgenden Seiten abgedruckten wurden ausgewählt, weil sie anscheinend sowohl ehrlich berichtet als auch fachmännisch untersucht worden sind. Aber es gibt Fälle, in denen wir zwischen Abdruck oder Nichtbeachtung eines ungenügend überprüften Falles abwägen mußten. Meistens habe ich mich für das letztere entschieden, aber manchmal mußte ich das erstere tun, um einen Gesichtspunkt zu veranschaulichen – zum Beispiel mit Fall 31, der Teleportation Vidals.
Wenn mir bekannt war, daß ein Bericht unvollständig ist, habe ich darauf hingewiesen. Aber mein Urteil ist natürlich fehlbar. Letzten Endes ist es häufig die Frage, inwieweit man Augenzeugen und Forschern trauen will, die man nicht kennt. Keine Beobachtung wird je mit hundertprozentiger Genauigkeit berichtet, keine Untersuchung ist hundertprozentig gründlich. Jedes hier abgedruckte Beweisstück ist bis zu einem gewissen Grade unbefriedigend oder unvollkommen. Das wird jedoch auf einem For-

schungsgebiet immer der Fall sein, das sein Beweismaterial statt aus Laborexperimenten aus Feldbeobachtungen bezieht.

Die Fälle, die hier vorgestellt werden, sind nicht alle von gleichem Wert. Manche sind sogar völlig wertlos. Im vierten Kapitel habe ich einzuschätzen versucht, inwieweit man sich auf Augenzeugenberichte verlassen kann. Letztlich enthalten sie jedoch alle, auch wenn Instrumentenmessungen eine Rolle spielen, Deutungen durch Menschen. Jeder Schluß, zu dem der Leser kommt, kann, wie auch meine Ergebnisse, nur vorläufig und vom Vertrauen in Fremde abhängig sein.

I

Das UFO-Phänomen

Am 25. Oktober 1955 veröffentlichte das Informationsbüro des amerikanischen Verteidigungsministeriums in Washington folgende Meldung: »Die Ergebnisse einer von der Luftwaffe durchgeführten Untersuchung zum Thema ›unbekannte Flugobjekte‹ wurden heute bekanntgegeben. Es konnte kein Beweis für die Existenz der sogenannten ›fliegenden Untertassen‹ erbracht werden.«

1964 veröffentlichte NICAP – das amerikanische Untersuchungskomitee für Erscheinungen im Luftraum – ein 184 Seiten starkes Dokument, das doppelspaltig 746 aus einer Gesamtzahl von über 5000 unterschriebenen Berichten ausgewählte Fälle darstellte, die den Beweis für das Vorhandensein von UFOs liefern sollten.[73]

Die Wahrheit liegt irgendwo zwischen diesen beiden Dokumenten, zwischen offiziellen Dementis oder Desinteresse auf der einen und einer immer größer werdenden Anzahl von Berichten über vermeintlich ungewöhnliche Begebenheiten durch verblüffte und oft verängstigte Augenzeugen auf der anderen Seite. Diese Augenzeugenberichte sind in zahlreichen Protokollen, Fallstudien und Büchern festgehalten. Es existiert ein 750 Seiten umfassender Katalog derartiger »Begegnungen« nur in Frankreich[55] und eine Liste von 200 beobachteten Landungen in Spanien oder Portugal.[7] Es gibt Verzeichnisse über Fälle von Zusammenstößen mit Fahrzeugen, über elektromagnetische Wirkungen, über Geräusche, die mit UFOs in Verbindung gebracht werden, und über die Wesen, die angeblich in ihnen reisen.[25, 113, 27, 161] Und trotzdem gab 1968 die amerikanische Regierung 525 000 Dollar aus Steuergeldern für einen 1465seitigen Bericht aus, der zu dem Ergebnis kam, die beschriebenen Phänomene seien von keinerlei wissenschaftlichem Interesse.[37]

Daneben gibt es noch einen weiteren Widerspruch: Das Phänomen, das von so geringem wissenschaftlichem oder staatlichem Interesse ist, ruft in bestimmten Bevölkerungskreisen Gefühlsaufwallungen von oft geradezu mystischer Intensität hervor. Von den Hunderten von Büchern und Zeitschriften, die sich mit UFOs beschäftigen, besteht ein großer Teil entweder aus höchstwahrscheinlich erlogenen Sensationsgeschichten oder aus ebenso sensationellen Deutungen, die auf psychologisch oder kulturell bedingte Reaktionen zurückzuführen sind, für die weniger bedeutend ist, was UFOs sind, als vielmehr, wofür sie stehen. In den Augen mancher Leute sind sie in Wirklichkeit Raumschiffe, die entweder kosmische Erlöser zur Rettung unseres Planeten oder unheimliche Eindringlinge mit weniger freundlichen Absichten bringen. Andere entdecken in ihnen einen religiösen Sinn – sie gelten je nachdem als Engel oder als Teufel, die einen Auftrag von himmlischer Bedeutung zu erfüllen haben. Wieder anderen erscheinen UFOs als nach außen projizierte Vorstellungen, die Ausdruck eines tiefliegenden kulturellen Bedürfnisses sind.

Noch kein Phänomen in der Geschichte hat eine solche Vielzahl von Interpretationen zugelassen und gleichzeitig so stark unterschiedliche Reaktionen hervorgerufen. Ein Extrem bilden die Leute, die von Reisen berichteten, die sie in UFOs in andere Welten unternommen hätten, von Treffen mit UFO-Besatzungen, von Erkenntnissen, die irdisches Wissen überschreiten, und von Abenteuern, wie sie kein Mensch jemals erlebt hat. Wenn nur ein Bruchteil dieser Berichte wahr sein sollte, wären UFOs etwas vom Außergewöhnlichsten, das je auf der Erde gesehen wurde. Auf der anderen Seite stehen diejenigen, die die Existenz von UFOs schlichtweg leugnen, und zwar mit einer Leidenschaft, die an sich schon bemerkenswert ist und die z. B. einen bedeutenden Astronomen dazu gebracht hat, drei umfangreiche Bücher zu schreiben, die beweisen sollen, daß es keine UFOs gibt.[103, 104, 105]

In dieser Situation kann die Frage »Gibt es UFOs?« nicht einfach bedeuten: »Gibt es fliegende Objekte, die man nicht identifizieren kann?« Die gibt es natürlich. – Vielmehr sollten wir die Frage so verstehen: »Gibt es über all diese Berichte, Behauptungen und Überzeugungen hinausgehende Beweise dafür, daß es Objekte gibt, die weder Fehlinterpretationen bereits bekannter Dinge sind noch Einbildungen von Dingen, die es nie gab und nie geben wird, sondern die real sind und der Wissenschaft noch unbekannt?«

Viele Leute berichten über Flugobjekte, die sie mit nichts, das sie kennen, in Verbindung bringen können. Häufig können andere, erfahrenere Leute ihnen erklären, was sie gesehen haben. Daß es etwas Bekanntes, aber Ungewöhnliches war, vielleicht ein Satellit oder ein Meteor, oder etwas Vertrautes unter unüblichen Begleitumständen, wie z. B. ein beleuchteter Reklameballon oder der Planet Venus unter außergewöhnlichen Wetterbedingungen. Und es gibt Fälle, in denen einfach nicht genügend Informationen vorliegen, um feststellen zu können, was gesehen wurde, aber in denen es wahrscheinlich ist, daß sich eine natürliche Erklärung finden ließe.

Wenn alle UFOs sich potentiell als bereits bekannte Dinge erklären ließen, wäre das Problem natürlich relativ einfach zu lösen. Es ginge dann nur noch darum, verschiedene Erklärungsmöglichkeiten für die beobachteten Objekte zu erproben und die zufriedenstellendste herauszufinden. Es gibt jedoch viele Fälle, in denen entweder die Erscheinung oder das Verhalten des Objektes so völlig von allem Bekannten abweicht, daß wir davon ausgehen müssen, daß der Augenzeuge entweder lügt oder sich täuscht. Möglicherweise hat er aber etwas gesehen, das wir mit unserem Kenntnisstand nicht erklären können.

Von solchen Fällen ist in der Vergangenheit immer wieder berichtet worden. Doch in den letzten 35 Jahren hat ihre

Zahl auffallend zugenommen. Obwohl viele Reaktionen darauf emotional oder parteiisch waren, bemühte man sich laufend und mit immer feineren Methoden um die objektive Erforschung und Analyse der Ereignisse. Das Ergebnis dieser Bemühungen ist eine Datenmenge, die die UFOs zu einem der am besten dokumentierten Phänomene der Geschichte machen. Wir verfügen nun über Aufzeichnungen von Tausenden von Fällen, in denen alle Versuche, sie als etwas Bekanntes zu erklären, unhaltbar sind. Falls die Augenzeugen die Wahrheit sagen, haben sie etwas der menschlichen Wissenschaft Unbekanntes gesehen. Falls sie lügen oder sich täuschen ließen, haben wir es mit einem sozialen Phänomen zu tun, das in der Geschichte der Menschheit einmalig ist.

Sind die Augenzeugen glaubwürdig? Sind ihre Behauptungen als Beweis für die Existenz eines neuen Phänomens zu werten – für das Vorhandensein nicht nur von unidentifizierten, sondern von unbekannten Flugobjekten? Wir müssen vorab klarstellen, auf welche Fragen wir eine Antwort finden wollen, denn im Laufe unserer Nachforschungen werden wir immer wieder versucht sein, den Implikationen unserer Erkenntnisse auszuweichen. Wir werden erkennen, daß UFO-Phänomene zu den vielschichtigsten und auch rätselhaftesten Problemen gehören, denen der Mensch je gegenüberstand. Wir werden feststellen, daß viele der Beweisgründe mehrdeutig sind, viele widersprüchlich, viele scheinbar nicht miteinander vereinbar. Deshalb werden wir ständig in Versuchung sein, der Herausforderung auszuweichen und für eine einfache reduktionistische Erklärung einzutreten – daß UFOs »einfach« fremde Raumschiffe sind oder »einfach« Halluzinationen. Solche Erklärungen mögen in einzelnen Fällen richtig sein, jedoch gelten sie bestimmt nicht für alle. Sie können nur aufrechterhalten werden, indem das Beweismaterial willkürlich ausgewählt und alles, was nicht in die Theorie paßt, weggelassen wird.

Wenn aber unsere Nachforschungen wissenschaftlich haltbar sein sollen – welchen Wert hätten sie sonst auch? – müssen wir eine Hypothese konstruieren, die der Gesamtheit des Beweismaterials Rechnung trägt. Eine solche Hypothese müßte hochkomplex sein. Eventuell müssen wir unterschiedliche Wissenschaftszweige einbeziehen, um sie aufstellen zu können. Wir müssen Psychologen und Ingenieure, Soziologen und Astronomen befragen und selbst dann könnten wir zu dem Ergebnis kommen, daß eine einzelne Hypothese nicht ausreicht. Aber wie unsere Erklärung auch aussehen mag, sie muß das ganze Beweismaterial umfassen und alles, was dieses Beweismaterial impliziert.

Ein optisches Phänomen

Das UFO-Phänomen ist in einer Hinsicht fast einzigartig: fast alles Beweismaterial besteht aus Beschreibungen der optischen Seite des Phänomens durch Leute, die behaupten, es beobachtet zu haben. Wenn es nicht so viele dieser Beschreibungen gäbe, würden wir darüber hinweggehen oder sie nicht beachten, wie wir es mit selteneren Anomalien wie Feen oder Geisterschiffen machen, obwohl auch das Beweismaterial für diese beiden Phänomene bemerkenswert ist. Aber Beschreibungen von UFOs existieren zu Zehntausenden, und selbst wenn wir diejenigen ausscheiden, die uns aus dem einen oder anderen Grunde zweifelhaft erscheinen oder von denen wir einfach nicht genügend Fakten kennen, bleibt immer noch eine erstaunlich große Anzahl von Leuten, die Dinge gesehen haben, die weder sie noch irgend jemand anders identifizieren können. Die einleuchtendsten dieser Beschreibungen, mit denen wir uns in unserer Untersuchung auch hauptsächlich beschäftigen werden, sind Beobachtungen von Objekten, die durch offenbar ehrliche und aufrichtige Augenzeugen als strukturiert und gestaltet beschrieben werden und deren Verhalten annehmen läßt, daß sie von einer intelligenten Kraft gesteuert werden.

Trotzdem könnte ihre Erklärung eine recht einfache Aufgabe sein, gäbe es nicht noch einige zusätzliche Gesichtspunkte zu beachten:

- Die beobachteten Objekte und ihre Verhaltensweisen sind voneinander fast völlig verschieden.
- Zweck und Sinn der Flugobjekte sind nicht nur unbekannt, sondern erscheinen nach menschlichen Standards sogar irrational.

  UFO-Phänomene werden immer wieder von paranormalen Erscheinungen, die häufig dem »Poltergeist« ähneln, begleitet, manchmal auch vom Auftauchen menschenähnlicher Gestalten.
- Die Psyche des einzelnen Augenzeugen scheint auf bestimmte Weise zu dem Beobachteten in Beziehung zu stehen. Das Ereignis hat offenbar häufig seelische Dimensionen. Die Beobachter reagieren emotional sehr heftig. Es vollziehen sich Persönlichkeitsveränderungen zum Guten oder Schlechten, manchmal erzählen sie von weiteren Beobachtungen und erstaunlichen Abenteuern.
- Gelegentlich gibt es physikalisch faßbare Hinweise, von denen zwar manche deutlich und eindeutig sind, wie z. B. Spuren einer offensichtlich erfolgten Landung, vieles ist jedoch verwirrend oder scheinbar nicht möglich, so wie beispielsweise die Fähigkeit, Fahrzeugmotoren aus- und wieder einzuschalten, ohne sie zu beschädigen, wie es häufig berichtet wird.
- Erscheinungen von UFOs haben häufig einen sozialen Aspekt: zum Beispiel treten sie meist in Wellen auf und sie scheinen auch bevorzugt an bestimmten Orten vorzukommen, die in der Folgezeit als »Fensterregionen« bekannt werden. Wir werden die Frage stellen müssen, ob das echte Zusammenhänge sind, und wenn ja, wie sie zu unserem Hauptproblem in Beziehung stehen.

* Erscheinungen von UFOs zeigen zu vielen Ereignissen in Sagen und sogar in Science Fiction-Geschichten so deutliche Parallelen, daß es nicht mehr nur zufällig erscheint. Wir müssen untersuchen, ob in allen diesen Fällen eine ähnliche Ursache zugrunde liegen könnte.

All das und noch viel mehr ist Teil des UFO-Problems. Wer glaubt, daß UFOs fremde Raumschiffe sind, ist natürlich durch diese komplizierenden Dimensionen verwirrt. Aber selbst wenn sie sich am Schluß als belanglos oder bloß zweitrangig erweisen sollten, können wir es uns im Stadium unserer jetzigen Unwissenheit nicht leisten, irgendeinen Aspekt außer Acht zu lassen, der möglicherweise einen entscheidenden Hinweis enthalten könnte. Auf den folgenden Seiten will ich versuchen, den Gegenstand so einfach und sachlich wie möglich zu behandeln. Aber wir können die Vielschichtigkeit des Phänomens nicht unterschlagen, und auch bei der Betrachtung des scheinbar einfachsten Falles müssen wir uns bewußt sein, daß er viele Variablen enthalten kann. Wir müssen mehr darauf achten, wo und wann etwas gesehen wurde, als darauf, was gesehen wurde, und dabei nicht nur die Wetterbedingungen in Betracht ziehen, sondern auch andere Nebenfaktoren wie z. B. geophysikalische Besonderheiten. Vor allem sollten wir versuchen, über denjenigen etwas zu erfahren, der das UFO gesehen hat – sowohl über seine körperliche, geistige und seelische Verfassung und seinen Geisteszustand zu dieser Zeit als auch über seinen sozialen und kulturellen Hinter grund und sein Glaubenssystem.

Das Wesen des UFO-Phänomens

Warum muß man so viele Faktoren in Betracht ziehen, wenn man so eine einfache Frage stellt wie: »Hat der-und-der das-und-das gesehen?« Die Antwort darauf wird sich

Sølen, Norwegen, 3.4.1980 (Fall 1). Skizze der Augenzeugin Fru Olsen.

bei der Untersuchung repräsentativer Fälle ergeben. Wir wollen mit einer Anzahl vergleichsweise einfacher Berichte beginnen. Wie bei den meisten der Fälle, die ich in diesem Buch zitieren werde, handelt es sich nicht um »berühmte« Vorkommnisse. Ich bin nämlich mit dem belgischen UFO-Forscher Jacques Scornaux der Meinung, daß »die Widerlegbarkeit eines Falles sich direkt proportional verhält zu der Publizität, die er erhält.«[80]

Fall 1 Sølen i Engerdal, Norwegen 3.4.1980

Fru Olsen wollte gerade zu Bett gehen, als sie durch ein Fenster im oberen Stockwerk ihres Hauses in einem dichtbewaldeten ländlichen Gebiet Norwegens ein sehr helles weißes Licht sah – so hell, daß sie seine Form nicht erkennen konnte. Es war kein Geräusch zu hören. Sie beobachtete etwa 15 Minuten lang, wie das Licht sich langsam nach Osten bewegte, anhielt, etwas nach unten sank, sich wei-

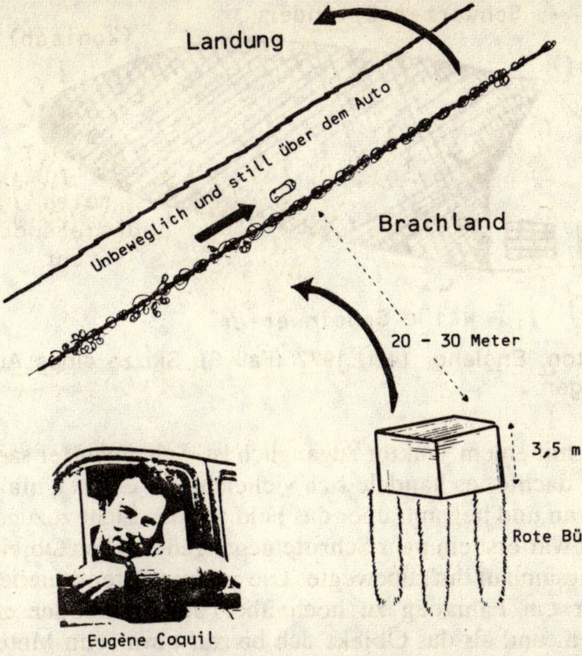

Bolazec, Frankreich, 16.1.1966 (Fall 2). Skizze des Augenzeugen Eugène Coquil.

terbewegte, wieder stillstand, nochmals sank und dann seinen Weg fortsetzte, bis es langsam direkt in den Wald zu sinken schien. Weil die Gegend flach und dicht bewaldet ist, war es ihr nicht möglich, die Entfernung oder Höhe zu schätzen, aber sie sagte, das Objekt sei ihr etwa ein Fünftel so groß wie der Mond erschienen.[125]

Fall 2 *Bolazec, Bretagne, Frankreich* *16. 1. 1966*

Eugène Coquil, ein 23jähriger Zimmermann, fuhr um vier Uhr morgens eine Landstraße entlang, als er in einem Feld,

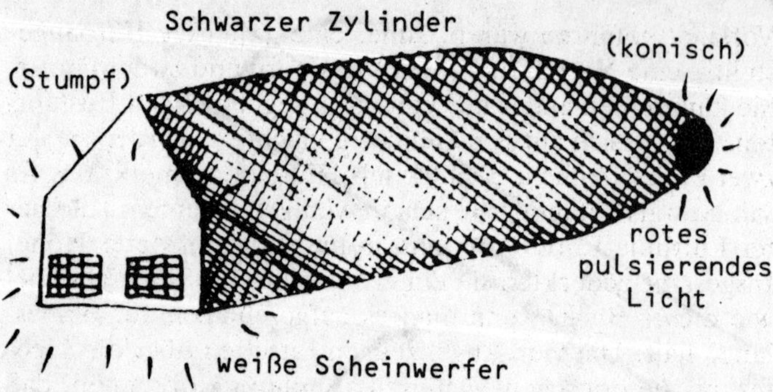

Partington, England, 14.11.1977 (Fall 3). Skizze eines Augenzeugen.

das nur mit einem Traktor zugänglich ist, Scheinwerfer sah. Weil er dachte, es handele sich vielleicht um einen Unfall, hielt er an und begann, über das Feld auf das Licht zuzugehen. Er war erst ein paar Schritte gegangen, als das Objekt sich langsam auf ihn zubewegte. Die Scheinwerfer schienen sich für ein Fahrzeug zu hoch über dem Erdboden zu befinden, und als das Objekt sich bis auf etwa zehn Meter genähert hatte, sah er, daß es in Wirklichkeit etwa vier oder fünf Meter über der Erde schwebte. Er lief nun zurück zu seinem Auto und stieg ein. Das Objekt folgte ihm und schwebte nur wenige Meter über seinem Wagen. Als er anfahren wollte, hatte er, möglicherweise in Panik, Schwierigkeiten beim Anlassen des Motors, konnte jedoch schließlich wegfahren. Er beschrieb das Objekt als ungefähr so lang wie ein Auto, aber breiter und mit vier Scheinwerfern an der Außenseite.[19]

Fall 3 *Partington, Manchester, UK* *14. 11. 1977*

An einem Winterabend gegen 17.45 Uhr stiegen vier Leute aus dem Bus, mit dem sie aus dem Stadtzentrum in die

Vorstadt gefahren waren. June, eine 32jährige Büroangestellte, eine Nachbarin in den Vierzigern und zwei Männer. Sie kannten einander nur von ihren regelmäßigen Busfahrten. Als sie sich auf den Heimweg machten, wurden sie auf zwei ungewöhnliche Lichter am Himmel aufmerksam. Es sah aus, als befänden sie sich in weniger als einem Kilometer Luftlinie Entfernung und in ungefähr 30 Meter Höhe. Insgesamt bedeckten sie ein etwa so großes Stück Himmel wie dieses Buch, wenn man es aufgeschlagen auf Armeslänge hält. Die vier Augenzeugen rätselten über die Lichter, bis sie erloschen. Dadurch konnten sie erkennen, daß sie zu einer dunklen Gestalt gehörten, die sich allmählich auf sie zubewegte. Sie standen still da. Später sagten sie, sie hätten sich gefürchtet. Alle hatten hervorragende Augen und stimmten in ihrer Beschreibung eines riesigen dunklen Rechtecks mit einem pulsierenden roten Licht an der einen, spitz zulaufenden Seite überein. Sie waren sich auch darin einig, daß das Objekt riesengroß war. – »Wie ein gewaltiges schwebendes Restaurant«, heißt es in einer Beschreibung. Nach ungefähr zwei Minuten war alles vorbei. Ein Augenzeuge eilte verängstigt weg und benachrichtigte die Polizei, die den Bericht ernst nahm. Sie hatte Hinweise darauf, daß es noch andere Augenzeugen gab, aber diese wurden nie gefunden.[56]

Fall 4 — Livingston, Schottland — 9. 11. 1979

Der 61jährige Waldarbeiter Robert Taylor arbeitete bei hellem Tageslicht morgens gegen 10.15 Uhr in einer Schonung. Als er unterwegs zu einer Baumschule auf dem Waldpfad um eine Kurve bog, stand er einem kuppelförmigen Objekt gegenüber, das lautlos dicht über dem Erdboden schwebte und etwa sechs Meter breit war. Fast gleichzeitig rollten zwei kleinere kugelige Objekte – im Durchmesser ungefähr einen halben bis einen Meter groß

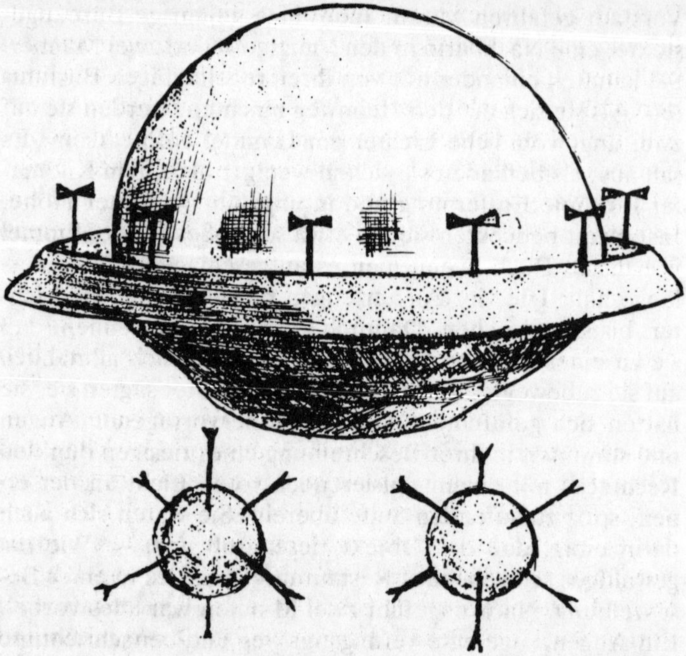

Livingston, Schottland, 9.11.1977 (Fall 4). Künstlerische Darstellung.

und mit Stacheln gespickt – rasch auf ihn zu. Sie hängten sich jedes an eines seiner Hosenbeine und begannen, ihn zu dem größeren Objekt hinzuziehen. Plötzlich umgab ihn beißender, erstickender Gestank, und er verlor das Bewußtsein. Etwa zwanzig Minuten später kam er wieder zu sich: Die Objekte waren verschwunden, aber im Gras waren deutliche Abdrücke zu erkennen. Zunächst konnte er weder sprechen noch gehen. Als er sich schließlich soweit erholt hatte, daß er gehen konnte, taumelte er. Er schleppte sich nach Hause, wo seine Frau die Polizei alarmierte. Ein Arzt und die Polizei waren bald bei ihm, und sein Vorgesetzter ließ die Stelle einzäunen, an der sich das

Ereignis zugetragen hatte. Obwohl es eine Presseveröffentlichung gab, konnte die Polizei in Zusammenarbeit mit örtlichen UFO-Forschern eine gründliche Untersuchung durchführen. Taylor, der in der Gegend gut bekannt war, galt überall als ehrlicher Mann, und es wurde nichts gefunden, das seiner Geschichte widersprochen hätte. Seine Kleider waren auf eine Art zerrissen, die mit dem übereinstimmte, was er erzählte. Keine andere Erklärung ergab einen Sinn.[28]

Fall 5 Cowichan, Vancouver Island, Kanada 1. 1. 1970

Miss Doreen Kendall und Mrs. Frieda Wilson waren Krankenschwestern im Bezirkskrankenhaus von Cowichan und arbeiteten im zweiten Stock in der Station für altersbedingte Pflegefälle. Gegen fünf Uhr morgens ging Miss Kendall in einem der Patientenzimmer zum Fenster, um die Vorhänge zurückzuziehen und zu lüften. In ungefähr 20 Meter Entfernung sah sie genau über der Kinderstation im dritten Stock des Gebäudeflügels zu ihrer Linken klar und auffallend deutlich ein großes, helles Objekt: »Das Objekt war kreisförmig und hatte, was man wohl eine Ober- und eine Unterseite nennen würde. Die Unterseite war silbrig, metallartig und wie eine Schale geformt. Um sie herum lag, wie eine Halskette, ein Band aus hellem Licht. Die Oberseite war kuppelförmig und aus glasartigem Material. Sie war von innen erleuchtet, und ich konnte direkt hineinsehen.« Innerhalb der Kuppel sah sie zwei männliche Gestalten, die sich nach rechts, vom Krankenhaus weg, gewandt hatten. Diejenige, die weiter vorn stand, erschien ihr größer als die andere, oder vielleicht stand sie erhöht. Ihre Köpfe waren in ein enganliegendes dunkles Material eingehüllt.
Sie empfand überhaupt keine Angst: »Ich habe mich in meinem ganzen Leben nie so friedvoll gefühlt. Ich wollte,

Cowichan, Kanada, 1.1.1970 (Fall 5). Darstellung des Zeichners Brian James aus *Canadian UFO Report.*

ich hätte mit ihnen sprechen können.« Das Objekt begann, sich zu neigen, so daß sie mehr von den beiden Gestalten sehen konnte. Die vordere stand vor einem Armaturenbrett, das Doreen Kendalls Neugier weckte, weil sie sich für Rennwagen und überhaupt für Mechanik besonders interessierte. »Der vordere Mann starrte auf das Armaturenbrett, als ob etwas sehr Wichtiges passierte, und ich fragte mich, ob vielleicht etwas nicht in Ordnung wäre.«

Sie sah, wie sich die andere Gestalt umdrehte und sie anschaute. »Er schien mich direkt anzusehen, aber ich konnte sein Gesicht nicht erkennen. Ich bin sicher, daß er mich gesehen hat, denn danach tippte er den anderen Mann auf den Rücken. Als der hintere Mann das tat, bückte der vordere sich und ergriff etwas wie einen Hebel neben sich. Ich werde nie vergessen, wie bedächtig er das tat. Er schob ihn nach vorn und zurück, und die Untertasse, oder wie man das auch nennen soll, begann sich langsam zu drehen. Sie war immer noch nahe bei dem Gebäude und drehte sich entgegen dem Uhrzeigersinn.«

Sie rief Mrs Wilson zum Fenster. Sie bestätigte die Geschichte, allerdings berichtete sie weniger Details. Sie schätzte die Größe des Objekts auf 15 Meter im Durchmesser, aber sie sah weder die Gestalten noch das Lichterband. Zwei andere Krankenschwestern, die sie aufgeregt reden hörten, stürzten zum Fenster, aber sie sahen nur ein »helles Licht«, das in der Ferne verschwand. Zwei weitere Krankenschwestern sahen nichts.

Ungefähr zur selben Zeit und in derselben Gegend sahen ein Mann und eine Frau bei der Rückkehr von einer Abendgesellschaft ein riesiges weißes Licht, so groß wie ein Haus, über ihrem Haus schweben. Obwohl sie ein ovales oder rechteckiges Objekt beschrieben, könnte es sich um dasselbe Objekt aus unterschiedlichen Blickwinkeln gehandelt haben.[29]

Fall 6 — Valensole, Südfrankreich — 1. 7. 1965

Maurice Masse, ein 41jähriger Lavendelfarmer, war gegen 5.45 Uhr früh auf sein Feld zur Arbeit gegangen. Bevor er seinen Traktor in Gang setzte, rauchte er noch eine Zigarette. Plötzlich hörte er von der ihm abgewandten Seite

Valensole, Frankreich, 1.7.1965 (Fall 6). Montage einer Zeichnung mit dem Photo des angeblichen Landeplatzes.

eines Felshaufens, in dessen Nähe er stand, ein pfeifendes Geräusch. Als er nachschaute, sah er in etwa 90 Meter Entfernung eine Maschine, die wie ein Rugby-Ball geformt war, ungefähr drei bis vier Meter breit und 2,5 Meter hoch – so groß wie ein kleineres Auto. Sie stand auf sechs Beinen, die in der Mitte an einem Drehbolzen befestigt waren, hatte eine Tür und eine durchsichtige Kuppel. M. Masse verglich sie mit einer ungeheuren Spinne. Zuerst dachte er, es handle sich um einen Hubschrauber, wie sie häufig auf den Feldern landeten. Aber er bemerkte bald, daß es nichts dergleichen war. Dann sah er zwei Wesen, gebückt, als ob sie seine Pflanzen untersuchten. Weil sein Feld vor kurzem von unbekannten Vandalen verwüstet worden war, ging er wütend auf sie zu.

Als er noch etwa sieben Meter von ihnen entfernt war, drehte sich eine der Gestalten um und richtete einen bleistiftartigen Gegenstand aus einem Behälter an ihrer Seite auf ihn. Masse fühlte, wie er in seinen Fußspuren festgehalten wurde. Er konnte sich nicht mehr bewegen. Die beiden

Gestalten standen da und beobachteten ihn, machten aber keinen feindseligen Eindruck. Sie schienen über ihn zu sprechen. Sie waren ungefähr einen Meter groß und trugen enganliegende graugrüne Kleidung, aber keine Kopfbedeckung. Im Verhältnis zu ihrem Körper war der Kopf etwa dreimal so groß wie der eines Menschen. Sie hatten große Ohren, hohe Wangenknochen, lidlose Augen, kein Kinn und an Stelle des Mundes ein rundes Loch.
Die beiden Wesen kehrten zu ihrer Maschine zurück. Die Tür schloß sich, die Beine drehten sich, wurden eingezogen und die Maschine hob lautlos vom Boden ab. Als sie etwa 15 bis 20 Meter weit weg war, verschwand sie plötzlich. Ungefähr eine Viertelstunde später kehrte Masses Empfindungsfähigkeit zurück, und er konnte sich wieder bewegen. Er arbeitete bis halb acht oder acht Uhr. Dann ging er zurück zum Dorf und erzählte in einem Café von seinem Abenteuer. Weil er im Ort bekannt und geachtet war, wurde seine Geschichte ernstgenommen und sowohl von der Polizei als auch von privaten UFO-Forschungsgruppen gründlich untersucht. Obwohl man einige Widersprüche feststellte, gab es keinen Grund, an seiner Geschichte zu zweifeln, und andere Augenzeugen, die seine Behauptungen zu stützen schienen, bestätigten sie. Auf dem Feld konnte man physische Spuren ausmachen, die dauerhaft waren und auch künftige Anpflanzungen so lange beeinflußten, bis das Feld gepflügt wurde. Masse litt an psychischen Folgeerscheinungen. Er hatte Schlafstörungen und Träume übersinnlichen Inhalts.[56]

Bei der Auswahl dieser Beispiele habe ich mich absichtlich auf vergleichsweise einfache und wenig sensationelle Fälle beschränkt, die gewöhnlichen Leuten im alltäglichen Leben zugestoßen sind. Keine der Personen hatte ein besonderes Interesse an UFOs. Weder suchten sie absichtlich nach ihnen, noch hatten sie, soweit bekannt, irgendwelche Wahnvorstellungen oder vorgefaßte Meinungen. In allen

sechs Fällen trat die Erscheinung völlig überraschend auf, und die Augenzeugen waren mit ihr konfrontiert, während sie etwas ganz Gewöhnliches taten – zu Bett gingen, sich auf dem Heimweg oder bei der täglichen Arbeit befanden. Ihre gefühlsmäßigen Reaktionen reichten von leichtem Erstaunen bis zu völliger Verwirrung. In allen Fällen konnte die folgende Untersuchung zwar keine wirkliche Klärung erbringen, aber eben auch nicht nachweisen, daß die Augenzeugen das Geschehen falsch wiedergaben. Kurz, die Ereignisse scheinen nach allem, was man weiß, so stattgefunden zu haben, wie sie berichtet wurden.
Natürlich ließe sich für das eine oder andere eine Erklärung vorbringen. Einige der Ereignisse könnten sich damit erklären lassen, daß sich ein Hubschrauber aus irgendeinem Grund ungewöhnlich verhalten hat, wegen besonderer Windverhältnisse scheinbar kein Geräusch verursachte, in bezug auf seine Geschwindigkeit falsch eingeschätzt wurde, usw. Das ist zwar strenggenommen *möglich,* ist es denn aber *wahrscheinlich,* daß nicht nur diese, sondern auch all die Zehntausende von ähnlichen Fällen Fehleinschätzungen von Hubschraubern sind, die im Morgengrauen über Krankenhäuser schweben, knapp über Autos hinwegfliegen und Farmer lähmen? Wissen so viele Leute, von denen etliche fast täglich Hubschrauber sehen, plötzlich nicht mehr, wie so etwas aussieht?
Selbstverständlich können sich Zeugen irren. Ein großer Teil der vermeintlichen Beobachtungen kann von Forschern erklärt werden, die den Vorteil haben, nicht persönlich betroffen zu sein, die das Alltagswissen der Augenzeugen mit ihrer eigenen Erfahrung bereichern können, und die außerdem Zugang zu solchen Informationsquellen wie Flughafenbüros, Sternwarten und Wetterstationen haben. Aber wenn man den Fachleuten glaubt, wenn sie eine andere Erklärung finden, muß man es auch akzeptieren, wenn sie das nicht können, wie in unseren

sechs Beispielen. Bei jedem von diesen Ereignissen muß mindestens ein Umstand noch ernsthaft geklärt werden.

Der Stand der Forschung

Soweit bekannt ist, wird nirgendwo auf der Welt offiziell UFO-Forschung betrieben. Als man sie eine Zeitlang für eine militärische Bedrohung hielt, versuchten die Streitkräfte der Vereinigten Staaten, das Phänomen zu erforschen. Auch die Sicherheitsorgane zeigten ein verstohlenes Interesse, obwohl das damals offiziell dementiert wurde. Als das Phänomen jedoch fortbestand, ohne daß sich ein Hinweis auf eine Bedrohung der nationalen Sicherheit ergab, wurde seine reguläre staatliche Erforschung eingestellt. Ob es noch irgendwelche geheime Forschungen gibt, darüber kann man nur spekulieren.
Andere Staaten, mit Ausnahme von Rußland und Frankreich, haben noch weniger Interesse gezeigt. Es ist ungewiß, bis zu welchem Grade man sich in Rußland offiziell mit dem Problem beschäftigt, aber in unregelmäßigen Abständen erscheinende Berichte weisen auf ein immer wieder aufflackerndes Interesse hin. Frankreich ist das einzige Land der Welt, in dem die mögliche Bedeutung des UFO-Phänomens öffentlich anerkannt wurde. Die Polizei hat Anweisung, Berichte über UFOs ernst zu nehmen, und eine Abteilung des nationalen Zentrums für Weltraumforschung (CNES), die Studiengruppe für nicht identifizierte Erscheinungen im Luft- und Weltraum (GEPAN), erfreut sich einer mehr oder weniger offiziellen Stellung, obwohl es zur Zeit dieser Niederschrift schien, als würde auch dieser erste Schritt wieder abgeblockt.
Aufgrund dieses weit verbreiteten Mangels an Interesse von offizieller Seite bleibt die Untersuchung der Beobachtungen und die Erforschung des Phänomens privaten Gruppen und Einzelpersonen überlassen, die UFOs für

eine bedeutsame Sache halten. Für manche ist der Anreiz zwar persönlicher, sozialer oder kultureller Art, aber ein beeindruckender Teil sind unvoreingenommene Forscher, die die Herausforderung einer verblüffenden Abnormität angenommen haben.
In der UFO-Forschung gibt es große Unterschiede, was Effektivität und Sachverstand betrifft. Am einen Ende der Skala stehen lokale »UFO-Spotter«-Clubs, die nur sehr wenig Hintergrundwissen und kaum eine Ahnung vom weiteren Umfeld des Phänomens haben. Für diese Leute ist Ufologie nur Wirklichkeit gewordene Science Fiction. Während solche Gruppen in früheren Jahren wie die Pilze aus dem Boden schossen, sind sie heute seltener geworden. Statt dessen wird die Auseinandersetzung immer ernsthafter und wissenschaftlicher, was dazu geführt hat, daß eine große Zahl von Fällen gut erforscht ist und daß wir über einen namhaften Fundus an Forschungsdokumenten verfügen, die bemerkenswerte weltanschauliche Offenheit und analytischen Tiefgang erkennen lassen. Buchtitel wie *UFOs and the Limits of Science,* oder *UFO Phenomena and the Behavioral Scientist,*[141, 172] zeigen die Richtung an, in die sich die seriöse UFO-Forschung heute bewegt.

Erschwerende Umstände

Die wenigen oben zitierten Fälle wurden wegen ihrer Einfachheit ausgewählt. Was diese Augenzeugen gesehen haben, war so eindeutig, daß es sich der Erklärung als bekannte Erscheinung widersetzt. Bei Fru Olsens wanderndem Licht könnte es sich um eine von ihr falsch gedeutete Beobachtung handeln. Aber was könnte es denn sonst gewesen sein, das ihr so bemerkenswert erschien?
Lichter am Himmel sind natürlich der schwächste Beweis für das Vorhandensein von UFOs, weil sie so wenig informativ sind. In der Regel haben die Ufologen den Versuch,

sie zu erklären, aufgegeben, und sie sondern nur noch die Beobachtungen aus, die sich als Flugzeuge, Züge, Autos, Reklameballons, Satelliten, Meteore usw. identifizieren lassen. Der amerikanische Forscher Harley Rutledge ist einer der wenigen ernstzunehmenden Forscher, die Lichter am Himmel zu ihrem Hauptgebiet gemacht haben.[131] Der Professor für Physik an der Universität von Südost-Missouri wurde eines Tages wegen ungewöhnlicher Lichter zu Rate gezogen, die über einen längeren Zeitraum hinweg in einer hügeligen Gegend etwa 80 Kilometer von seiner Universität entfernt beobachtet wurden. Er stellte sich der Herausforderung als Wissenschaftler. Er sammelte ein Expertenteam aus verschiedenen Disziplinen und stellte ein beeindruckendes Aufgebot an Instrumenten zusammen. So ausgerüstet machte er sich in der Erwartung auf den Weg ins Gelände, zwei oder drei Wochenenden geschulter Beobachtung würden genügen, eine Erklärung zu finden.
Tatsächlich aber veröffentlichte er erst sieben Jahre später einen Bericht über seine Entdeckungen, der auf annähernd 2000 Beobachtungsstunden basierte. Während dieser Zeit wurden 157 verschiedene Beobachtungen von 178 UFOs instrumentell aufgezeichnet, wobei eine Vielzahl von Verfahren angewendet wurde, in denen visuelle Beobachtung und Photographie ergänzt wurden durch Radar und andere Detektoren, die an getrennten Orten zur gleichzeitigen Beobachtung aufgestellt waren. Die Mehrzahl der Erscheinungen waren einfache Lichter am Himmel, ähnlich denen, über die Fru Olsen berichtet hatte. Es gab keine so hautnahen Begegnungen wie die, die M. Masse erlebt hat. Nur in wenigen Fällen ließen sich Form und Größe der Ufos erkennen. Alle aber widersetzten sich der Erklärung als einem bekannten natürlichen oder von Menschenhand geschaffenen Objekt und alle wiesen auf einen gewissen Grad an intelligenter Steuerung und sogar an Bewußtsein über die Aktivitäten der Forscher hin.

Auch wenn wir annehmen, daß Fru Olsen irrtümlich einen

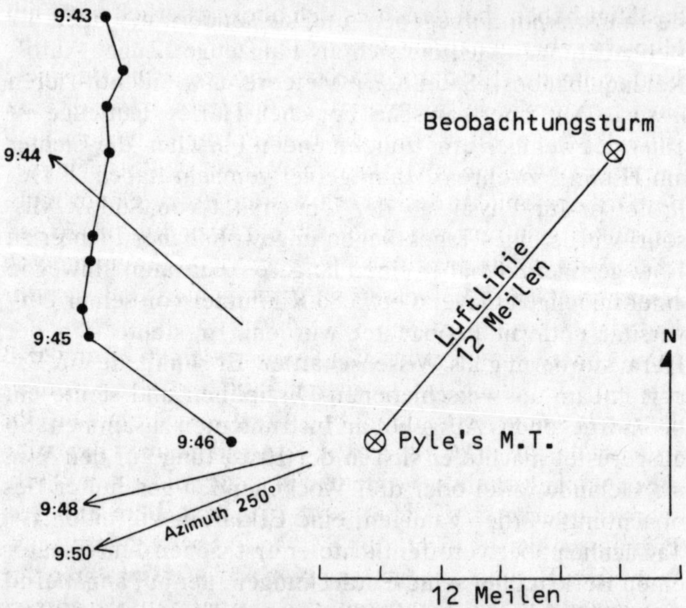

»Project Identification«, Missouri, USA, 25. 5. 1973. Die Skizze zeigt, wie ein Objekt von zwei 18 Kilometer voneinander entfernten Beobachtungspunkten aus durch Meßinstrumente verfolgt wurde. Gleichzeitige Beobachtungen machten es möglich, das Objekt in Abständen von 15 Sekunden zu lokalisieren und so seinen Kurs und seine Geschwindigkeit zwischen 21.43 Uhr und 21.46 Uhr zu bestimmen. Zu dem Zeitpunkt verlor der Beobachtungsposten Fire Tower die Spur des Objekts, das danach noch zwei Minuten lang von Pyle's Mt. aus beobachtet wurde, von wo aus man die Richtung, aber keine genaue Entfernung feststellen konnte. Aus Harley Rutledge, *Project Identification.*

Hubschrauber für ein UFO gehalten hat, besteht also die Tatsache, daß andere – erfahrene Forscher – die Existenz von ähnlichen Objekten wie dem, das sie gesehen hat,

bestätigt haben, bei denen es sich aber sicherlich *nicht* um Hubschrauber gehandelt hat.
Und wenn das für das einfachste unserer sechs Beispiele zutrifft, um wieviel mehr muß es für die komplizierteren gelten? M. Coquil dachte, die Lichter, die er in dem Feld sah, kämen von einem Traktor; als er sah, daß sie sich über der Erde befanden, dachte er, sie müßten zu einem Hubschrauber gehören. Aber das Objekt, das ihm bis zu seinem Auto folgte, verursachte keinerlei Geräusch. Von Hubschraubern aber wissen wir sehr genau, daß sie sehr laut sind.
Man könnte einwenden, daß Coquil allein war und daß jemand, der allein ist – sogar ein junger Mann von 23 Jahren in seiner vertrauten Umgebung –, sich um vier Uhr früh vielleicht dazu hinreißen läßt zu glauben, er sähe etwas Ungewöhnliches, vielleicht sogar dazu, ein Hubschraubergeräusch zu überhören. Aber in dem Fall von Partington war es nicht vier Uhr morgens, sondern sechs Uhr abends, und es gab vier voneinander unabhängige Augenzeugen, die bestätigten, daß ein riesiges erleuchtetes Objekt still über ihre Köpfe hinwegglitt.
In dem Fall von Livingston haben wir es wieder mit einem einsamen Augenzeugen zu tun, aber nun im hellen Tageslicht, wo es unwahrscheinlich ist, daß ein intelligenter Erwachsener etwas Vertrautes für etwas so Fremdes hält, daß er in Ohnmacht fällt und körperliche Schmerzen leidet. Ganz abgesehen von mehreren Zentimeter tiefen Spuren auf dem Boden, die zu keinem Traktor oder zu sonst einer Maschine passen, die diese Stelle hätte erreichen können.
Die Beobachtung beim Krankenhaus hatte zwei Augenzeuginnen, obwohl zugegebenermaßen nur eine die zwei Insassen in der Führerkanzel sah. Selbst wenn Doreen Kendall sie sich nur einbildete, das Objekt selber wurde zweifellos auch von anderen gesehen. Warum sollten wir also annehmen, daß sie die beiden Gestalten erlogen oder halluziniert hat? Und was sollen wir über die Hunderte anderer Zeugen

sagen, die behaupten, UFOs mit Insassen gesehen zu haben, die den von Schwester Kendall beschriebenen häufig sehr ähnlich waren? Handelt es sich in all diesen Fällen um Einbildung?

Nur vergleichsweise wenige hatten wie M. Masse das Glück, die Insassen außerhalb ihres Fahrzeuges zu sehen. Seine Geschichte ist die merkwürdigste in unserer Auswahl, und folglich auch die unglaubwürdigste. Ich vermute, daß die meisten von uns das Gefühl haben, daß seine Geschichte irgendwie *nicht* wahr ist – daß er lügt oder sich aus irgendeinem Grund täuscht. Aber nur eine bewußte Lüge oder eine ehrlich für real gehaltene Halluzination könnte seinen Fall erklären. An einem Sommermorgen im hellen Tageslicht auf einem offenen und vertrauten Feld wird ein Mann vom Land, der bei seinen Nachbarn geachtet ist, wohl kaum etwas für etwas anderes halten, schon gar nicht für einen Hubschrauber, wie er ihn täglich sieht. Und so ist es mit allen unseren sechs Fällen. Wenn die Augenzeugen verläßlich sind – und in keinem der Fälle sahen die Untersuchenden irgendeinen Grund, an den Zeugen zu zweifeln –, sind die Ereignisse tatsächlich vorgefallen oder aber, was fast genauso unwahrscheinlich ist, es ist etwas geschehen, das die Augenzeugen *denken* ließ, sie wären tatsächlich vorgefallen.

Die Frage der IFOs

Eine der Fragen, die das Wort »UFO« provoziert, lautet: *unidentifiziert von wem?* In den meisten Fällen kann sich ein unerfahrener Augenzeuge, der etwas sieht, das er nicht identifizieren kann, an jemand mit mehr Erfahrung wenden, der es für ihn identifizieren kann. So schätzt man, daß in etwa 90 Prozent der berichteten Fälle die Forscher aus dem UFO ein IFO machen können – ein *identifiziertes* Objekt. Skeptiker wenden meist ein, daß 100 Prozent so erklärt werden könnten, wenn nur die Informationen ausreichend wären. Wie auch immer, selbst wenn »unzureichende Daten« ein Grund sein mögen, viele tausend Beobachtungen als nicht beweiskräftig einzustufen, würde sowieso kein Ufologe auf die Idee kommen, derartige Fälle als Beweise anzusehen. Die einzigen Fälle von Wert – und nur die interessieren uns hier in diesem Buch – sind die, für die es genügend Daten *gibt,* um alle bekannten natürlichen oder künstlichen Quellen von Fehleinschätzungen ausschließen zu können.

Wenn dies ein Handbuch für UFO-Forscher wäre, müßten wir den möglichen anderen Erklärungen reichlich Platz einräumen. Im Verlauf dieser Studie werden tatsächlich auch viele von ihnen erwähnt werden, denn wir sollten uns bei der Untersuchung eines jeden Falles immer vor Augen halten, daß es eine Erklärung geben könnte, die ein UFO zum IFO macht. Aber für jeden Fall, der in diesem Buch als Beweisstück beschrieben ist, wurde diese Möglichkeit bereits in Rechnung gestellt und wieder verworfen.

Das weitere Umfeld

Wenn unsere sechs Beispiele vereinzelte Begebenheiten wären, wären sie schon sehr bemerkenswert. Sieht man sie aber als Repräsentanten von Tausenden ähnlich stichhaltiger Fälle an, können sie als Einführung in die grundlegenden Fakten des UFO-Phänomens gelten. Sie wurden wegen ihrer vergleichsweisen Einfachheit ausgewählt. Um das UFO-Phänomen in seiner ganzen Vielschichtigkeit zu erkennen, wollen wir noch einige zusätzliche Charakteristika beschreiben. Als erstes muß man sich darüber klarwerden, daß die UFOs nicht nur ein Phänomen unserer Zeit sind. »Fliegende Untertassen« kamen durch Kenneth Arnolds klassische Beobachtung von 1947 auf der ganzen Welt in die Schlagzeilen. Arnold sah als erfahrener Pilot eine

Gruppe fliegender Objekte, die mit anscheinend sehr hoher Geschwindigkeit über ein gebirgiges Gebiet im Staate Washington in den USA flog.[6] Seitdem ist der Streit darum, was Arnold gesehen hat, nie ganz zur Ruhe gekommen: was es aber auch immer war, sein Erlebnis hat aus irgendeinem Grunde die Phantasie der Menschen in aller Welt beschäftigt, und seitdem gibt es im öffentlichen Bewußtsein das besondere Phänomen der UFOs.

Wir werden im nächsten Kapitel den sozialen Aspekt der UFOs näher betrachten. Im Moment wollen wir nur festhalten, daß es UFOs nicht erst seit Arnolds Beobachtung gibt. Das gilt nur für die öffentliche Meinung, in der sich bald die Vorstellung festsetzte, sie würden von außerirdischen Besuchern gelenkt. Der plötzliche Anstieg ihres Bekanntheitsgrades seit den späten 40er Jahren war gleichzeitig Fluch und Wohltat. Einerseits bürdete er der UFO-Forschung einen Wust von Annahmen und Vorstellungen auf, die eine nüchterne Forschung sehr erschwerten. Andererseits vergrößerte er, indem er das UFO zum öffentlichen Gegenstand machte, die der Forschung zur Verfügung stehende Materialmenge beträchtlich und zwang die Welt, endlich von einem Phänomen Notiz zu nehmen, das es schon seit einiger Zeit gab. Im folgenden einige Beispiele für die Art der Geschehnisse, die die »Frühgeschichte« des UFO bilden:

Fall 7 *Boston, Massachusetts, USA* *3.1639*

James Everell, der als »nüchterner, anständiger Mann« beschrieben wurde, überquerte gegen 10 Uhr abends in einem Boot den Muddy River, als plötzlich über ihm und seinen Begleitern am Himmel ein großes Licht aufflakkerte. Zunächst blieb es an einem Ort hängen und schien rechteckig zu sein mit einem Durchmesser von etwa drei Metern. Plötzlich bewegte sich das Licht rasch über den

Kenneth Arnolds Beobachtung vom 24. 6. 1947, wie sie – unter Mißachtung der tatsächlichen Begebenheiten – auf der Titelseite der ersten Ausgabe der Zeitschrift *Fate* abgebildet wurde, in der sein Artikel »Ich habe die fliegenden Untertassen gesehen!« erschien.

Charles River auf Charlestown zu, dann kehrte es zurück. Everell und seine Begleiter kauerten zwei bis drei Stunden lang verängstigt in ihrem Boot, während das Licht über dem Fluß in alle möglichen Richtungen hin und hereilte, »wie ein Schwein, das sich nicht fangen lassen will«. So beschrieben es die Augenzeugen.[79]

Fall 8 *Quincy, Illinois, USA* *10. 4. 1897*

Viele Bürger sahen ein »Luftschiff« am Nachthimmel, das sie als zwischen 16 und 30 Meter langes, schlankes, zigarrenförmiges Objekt beschrieben, anscheinend aus Metall und mit etwas, das wie Flügel aussah, sowie mit einer Art Aufbau. Entlang des Rumpfes befanden sich rote und grüne Lichter und am Bug ein Suchscheinwerfer. Einige Augenzeugen behaupteten, Stimmen zu hören.[34]
Das ist nur ein zufällig herausgesuchter Fall aus einer Flut von Beobachtungen in vielen Teilen der Vereinigten Staaten während der Jahre 1896–1897, von denen die meisten Luftfahrzeuge beschrieben, die ungefähr einem Zeppelin ähnelten. Zu dieser Zeit gab es aber noch keine funktionierenden Zeppeline in den Vereinigten Staaten, obwohl möglicherweise für Entwicklungszwecke schon einige geheime Versuchsmodelle existierten: mit Sicherheit war es jedoch nicht möglich, daß diese an so vielen verschiedenen Orten auftauchten und derartige aeronautische Fähigkeiten vorführten. Weitere Fälle von »Luftschiff-Alarm« wurden 1909–1910 aus England und Neuseeland berichtet, zu anderen Zeiten auch von anderen Orten.

Fall 9 *Über Deutschland* *1944*

Bill Leet, ein Bomberpilot der amerikanischen Luftwaffe, berichtete von einem Lichtball, der plötzlich neben seinem

Flugzeug auftauchte, »als ob man einen Lichtschalter angeknipst hätte«. Er erschien eher zwei- als dreidimensional, wie das gelbe Licht einer Verkehrsampel, hatte aber keine Ähnlichkeit mit einem irdischen Licht. Das Licht blieb ungefähr 45 Minuten lang neben dem Bomber, dann war es plötzlich verschwunden. »Unsere Bordschützen wollten es abschießen, aber ich verbot es ihnen. Ich sagte ihnen, wenn es feindlich wäre, hätte es uns schon abgeschossen. Wir wollen versuchen, herauszufinden, was es ist, sagte ich ihnen.«[144]

Wieder habe ich absolut zufällig einen der vielen Berichte über »Phantom-Jäger«, wie sie bald genannt wurden, herausgesucht, die gegen Ende des Zweiten Weltkriegs Piloten auf beiden Seiten in Verwirrung stürzten. Obwohl sie selten eine andere Struktur als die eines Lichtballs zu haben schienen, hielt man sie zunächst für Geheimwaffen, bis sich herausstellte, daß beide Seiten ihnen begegneten, sowohl über Frankreich als auch später über dem Pazifik. Man ist offensichtlich versucht, nach einem natürlichen Phänomen, wie z. B. dem Kugelblitz, zu suchen, aber über derartige Erscheinungen von 45 Minuten Dauer oder in solcher Höhe gibt es keinerlei Informationen. Außerdem schrieb die Mehrzahl derer, die von den »Phantom-Jägern« berichtet hatte, ihnen intelligentes Verhalten zu.

Fall 10 *Schweden* *8.1946*

Ein nicht namentlich genannter Astronom beobachtete Wolken durch ein Teleskop, als er am Horizont einen leuchtenden Punkt bemerkte. Zunächst dachte er, es müsse sich um ein Flugzeug handeln. Dann stellte er fest, daß das Objekt viel zu schnell flog. Nach zehn Sekunden konnte er sehen, daß es mehr einem Projektil ähnelte: torpedo-förmig, metallisch aussehend und ungefähr 30 Meter lang. Obwohl es nur zwei Kilometer entfernt war, ver-

Um 1944 über Deutschland (?) photographierter Phantom-Jäger. Über dieses Bild läßt sich nichts Genaueres erfahren, und es ist möglich, daß es aus dem pazifischen Kampfgebiet stammt, in dem dieser Typ Flugzeug häufiger war.

ursachte es kein Geräusch. Plötzlich explodierte es mit solcher Helligkeit, daß er vorübergehend geblendet war, aber ohne Feuer, Funken oder Rauch, obwohl es vor der Explosion blauen und grünen Rauch ausgestoßen hatte.[67]
Zwar klingt diese Beschreibung des Objekts wie die einer der Raketen, die die Deutschen gegen Ende des Zweiten Weltkriegs benutzten, sie ist aber tatsächlich nur eine von buchstäblich Hunderten von Beobachtungen dessen, was später »Geisterraketen« genannt wurde und sich im Sommer 1946 über Skandinavien zeigte. Natürlich ist es verführerisch, nach einer militärisch-waffentechnischen Erklärung zu suchen. Aber zum einen erscheint es kaum glaubhaft, daß irgendeine Macht so unverantwortlich wäre, über dem Gebiet eines anderen Staates mit Fernlenkwaffen zu experimentieren, wenn auch nur aus Sicherheitsgründen. Und zum anderen hat man keine Trümmer gefunden, obwohl so viele der Objekte das Land überflogen haben.
Diese knappe Auswahl zeigt nicht nur, daß UFOs nicht notwendigerweise ein modernes Phänomen sind, sondern auch, daß es falsch wäre, sie mit »fliegenden Untertassen«

gleichzusetzen. Sie erscheinen in einer fast unendlichen Vielfalt von Formen und Gestalten. Und als ob das noch nicht ausreichte, kann man die beunruhigende Tatsache feststellen, daß das Auftreten von bestimmten Formen der Mode unterworfen ist. Wir werden uns später damit beschäftigen, was das heißt, denn der Schlüssel zum Wesen der UFOs kann mit gleicher Wahrscheinlichkeit an widersprüchlichen Berichten gefunden werden wie durch direkte Beobachtungen.

Ein globales Phänomen

Zehntausende von angeblichen UFO-Beobachtungen sind berichtet worden, von denen viele tausend hinreichend gründlich untersucht wurden, um feststellen zu können, daß es für sie keine einfache Erklärung gibt. Natürlich ist ihre Verteilung auf die verschiedenen Teile der Welt ungleich. Besonders die Zahl der aus Amerika und Frankreich berichteten Fälle ist im Hinblick auf die geographische Ausdehnung oder auf die Bevölkerungszahl dieser Länder unverhältnismäßig groß. Das reflektiert sicherlich die Tatsache, daß in diesen beiden Ländern das Informationssystem überdurchschnittlich gut ist. Eine in Frankreich stattfindende Beobachtung wird einfach mit höherer Wahrscheinlichkeit bekannt als eine aus Java oder Indien, ganz abgesehen von dem Unterschied in der Bevölkerungsdichte.

Es ist also nicht überraschend, daß ein Land um so mehr UFO-Fälle in seinen Akten verzeichnet hat, je höher es entwickelt ist. Aber es gibt trotzdem noch Unterschiede, die überraschend sind. Aus unbekanntem Grund spielen Deutschland und die Niederlande in der UFO-Forschung eine unbedeutende Rolle im Vergleich beispielsweise mit Spanien oder Belgien. Das hat sicherlich soziologische Gründe und weist darauf hin, daß die sozialen Aspekte der Ufologie nicht vernachlässigt werden dürfen.

Auch die Qualität der Berichte ist von Region zu Region unterschiedlich. Es gibt sehr viel Material aus Lateinamerika, aber allein die Menge würde Verdacht erregen, auch ohne den Sensationscharakter vieler dieser Berichte. So wurde z. B. 1982 in einem Zeitraum von zwei Monaten von einer ganzen Welle erstaunlicher Ereignisse berichtet. Im August behaupteten einige Venezolaner, im Auto von einem großen brennenden Objekt angegriffen worden zu sein, das zur Straße hinunter rote Flammen ausstieß. Im gleichen Monat beschuldigten mehrere Argentinier UFOs, einen Wind erzeugt zu haben, der für die Ausbreitung eines Feuers verantwortlich war. Augenzeugen beschrieben eine »Höllenmaschine«, die das Feuer wie ein Flammenwerfer anfachte. Im folgenden Monat gerieten etliche Brasilianer in Itacoatiara in Panik, weil ein Ding vom Himmel fiel, von dem Leute schwindelig und Frauen schwanger wurden. Man sperrte die Straßen ab, die Männer schoben in Schützengräben Wache, um Eindringlinge abzuschrekken, und Familien drängten sich schutzsuchend in den Häusern zusammen. Ein Bauer berichtete, daß ein vielfarbiges Licht in sein Haus eindrang. Jetzt befürchtet er, daß seine Frau, die schon fünf Kinder hatte, wieder schwanger ist, aber diesmal von einem Außerirdischen. Gleichzeitig begannen Männer, die von UFOs angegriffen wurden, im Diskant zu sprechen ...[52] Sicherlich wäre es voreilig, Berichte aus einer Bevölkerungsschicht ernst zu nehmen, die zu derartigen Reaktionen fähig ist. Aber wie sollen wir abgrenzen, wem und was wir glauben sollen?

Um solch ungewisse Entscheidungen zu umgehen, haben andere Ufologen versucht, objektive Forschungsgrundlagen zu schaffen. Es wurden mehrere mutige Versuche unternommen, umfassende Kataloge von UFO-Beobachtungen zusammenzustellen, in der Hoffnung, daß sich bestimmte Strukturmuster erkennen ließen. Aber so ein Katalog ist nur soviel wert wie das Material, aus dem er besteht: so vieles hängt von den Maßstäben dessen ab, der

ursprünglich berichtete. Bei jedem Versuch einer wissenschaftlichen Analyse auf weltweiter Basis muß man größte Vorsicht walten lassen.
Jedoch ist eine solche globale Übersicht natürlich wünschenswert, und man sollte den Versuch dazu nicht mißbilligen, auch wenn die bislang formulierten Theorien alles andere als überzeugend sind. Die bekannteste ist die »Orthotenie«-Hypothese[107] einiger französischer UFO-Forscher, die zu zeigen versuchten, daß eine überdurchschnittliche Zahl von UFO-Beobachtungen entlang gerader Linien stattfand, die noch zu anderen Faktoren in Beziehung stehen, beispielsweise auch zu den Geburtsorten bedeutender Leute! Obwohl manches aus dem Beweismaterial für ein solches Muster überzeugend ist, ist es wohl vorzuziehen, das als ein Beispiel zu werten, daß sich Zufallsdaten zu scheinbar bedeutungsträchtigen Mustern ordnen lassen.
Eine neuere Abwandlung der Orthotenie ist die »Isocélie«, das Geistesprodukt eines französischen UFO-Forschers namens Fumoux,[61] der zu der Auffassung gelangte, UFOs würden überdurchschnittlich häufig an der Spitze von gleichschenkligen Dreiecken beobachtet. Seine Ergebnisse wurden von einem Computer bestätigt, was besonders bemerkenswert ist, weil die Datenbasis, von der er ausging, offensichtlich unzuverlässig war.[48] Das hinderte ihn aber nicht daran, einige erstaunliche Entdeckungen zu machen, wie z. B. daß die UFO-Erscheinungen während der Welle von 1954 in Beziehung zu der Zahl 1,61803 standen!
Methodischer war der Ansatz des neuseeländischen Piloten Bruce Cathie, der in einer Reihe von Büchern[31] die Existenz eines weltweiten Gitters behauptet, das seit vorgeschichtlichen Zeiten die Erde mit einem Netzwerk von »Straßen« überziehe und das von interplanetarischen Raumschiffen für Navigationszwecke und als Triebkraft genutzt werde. Das liegt ziemlich nahe bei den geophysikalischen Hypothesen, mit denen wir uns in Kapitel 7 beschäftigen werden.

Wenn nachgewiesen werden könnte, daß irgendeine dieser Hypothesen gültig ist, wäre das ein wichtiger Fortschritt beim Ordnen des Beweismaterials, der uns erlauben würde, eine Bedeutung in dem zu erkennen, was sonst als willkürliche Sammlung von Einzelfällen erscheint. Unglücklicherweise verspricht keine der bisher formulierten globalen Theorien uns eine vollständige Antwort, wenn sie auch in Teilaspekten gültig sein mögen.

Die Frage nach der Zahl der UFOs ist an sich schon ein Anlaß für endlose Spekulationen. Die französische Gruppe »GABRIEL« hat berechnet, daß, angenommen die Erde wird in gleichmäßigem Rhythmus von UFOs besucht, nur einer von sechzehn Besuchen von Menschen beobachtet würde, weil der Rest über dem Meer oder über unbewohnten Gegenden stattfände. Die Tageszeit, die in Schlaf- und Arbeitszeiten eingeteilt ist, setzte die Zahl auf einen von 64 herab, und die Aussage ist sicher richtig, daß mindestens die Hälfte der UFOs dunkle, geräuschlose Formen sind, die sich nachts und deshalb buchstäblich unsichtbar fortbewegen. Die Tatsache, daß in etwa zwei Dritteln der Länder der Welt kein funktionierendes Informationssystem besteht, bedeutet, daß die Zahl auf eins von 384 herabgesetzt wird; zusätzlich könnten wir schätzen, daß nur eine von zehn Beobachtungen berichtet und nur einer von zehn Berichten veröffentlicht wird. Das heißt, alles in allem erfährt die Welt nur von einem von 38400 UFOs, die unseren Planeten besuchen![62]

Natürlich kann man eine solche Rechnung nicht ernst nehmen, weil sie zu viele Unbekannte enthält. Eine unabhängige Untersuchung durch Ted Bloecher zeigte aber immerhin, daß sogar von den Fällen, über die in einer regionalen Zeitung berichtet wurde, nur einer von zwanzig von anderen interessierten Gruppen aufgegriffen und so Forschungszwecken zugänglich gemacht wird.[17]

Besuchen UFOs unsere unbewohnten Wüsten, die Pole, den unerforschten Dschungel? Wir können die Möglichkeit nicht ausschließen. Wie dieses einführende Kapitel gezeigt hat, können wir eigentlich gar keine Annahmen darüber machen, was UFOs können oder was nicht. Natürlich stehen wir vor einer beträchtlichen Menge an Beweismaterial für ein oder mehrere Erscheinungen, die man als »Objekte« bezeichnen könnte, die man entweder fliegen gesehen hat, oder in einer Situation, die nahelegt, daß sie fliegen können, und die von Menschen mit Erfahrung nicht identifiziert werden können. Sie werden auf der ganzen Welt von allen möglichen Leuten gesehen, die keiner besonderen Gruppe und keinem speziellen Typ zuzuordnen sind. Von diesen Leuten werden sie gewöhnlich in normalen Situationen gesehen, während sie ihren alltäglichen Verrichtungen nachgehen, und oft werden sie von mehreren Personen gleichzeitig gesehen. Ihnen ist kein gleichförmiges Erscheinungsbild oder Verhaltensmuster gemeinsam, und sie lassen keinen Zweck erkennen.

Das ist das Phänomen, mit dem wir uns im folgenden unter einer Vielzahl von Aspekten beschäftigen werden. Dabei hoffen wir, daß etwas, was aus dem einen Blickwinkel verborgen bleibt, vielleicht aus dem anderen deutlich wird.

2

UFOs und Gesellschaft

Soweit man weiß, steht uns kein UFO zur Verfügung, um es gründlich untersuchen zu können (obwohl es einige beunruhigende Hinweise auf das Gegenteil gibt). Statt dessen besteht das Beweismaterial für UFOs hauptsächlich aus Aussagen von Menschen und ist deshalb den gleichen Entstellungen und Vorurteilen unterworfen wie andere menschliche Zeugenaussagen auch. Das gilt für Verkehrsunfälle ebenso wie für Mord. UFO-Augenzeugen sind, wie wir alle, Kinder ihrer Zeit und ihres kulturellen Umfelds. Obwohl es keinen Grund gibt, an der Ehrlichkeit der meisten Zeugen zu zweifeln, ist die Art, wie sie ihr Abenteuer beschreiben, immer von sozialen Faktoren geprägt. Wenn sie mit einer Sache konfrontiert sind, die sie sich nicht erklären können, suchen sie natürlich nach einer Möglichkeit, einen Sinn in dem zu erkennen, was ihre Augen sehen: selbstverständlich neigen sie dazu, es ihrem kulturellen Hintergrund und ihrem persönlichen Glaubenssystem einzupassen. Es gibt einen natürlichen Wunsch, ein unbekanntes Objekt in unsere »Konsens-Realität« einzuordnen, d. h. in die Welt, die wir übereinstimmend als real akzeptieren.

Aber die Konsens-Realität kann unberechenbare Dimensionen haben. Wenn für jemanden Engel oder Dämonen real sind, wird er sie, ohne zu zögern, als mögliche Erklärung benutzen. Wenn jemand überzeugt ist, daß die Erde von Außerirdischen besucht wird, wird es ihm völlig vernünftig erscheinen, ein unidentifiziertes Objekt als fremdes Raumschiff zu deuten.

Das war zeitweise tatsächlich die beliebteste UFO-Hypothese, und wir werden uns in einem späteren Kapitel genauer mit ihr beschäftigen. Im gegenwärtigen Untersuchungsstadium wollen wir nur festhalten, daß es das Glaubenssystem eines Augenzeugen beeinflußt, wenn er einer bestimmten Hypothese zuneigt, was wiederum Einfluß darauf hat, wie er berichtet. Deshalb ist es für den Forscher wichtig, sich über die möglichen Quellen solcher Entstellungen im klaren zu sein.

Erlöser vom Himmel

Fall 11
In der Nähe von Clermont Ferrand, Frankreich 13.12.1973

Claude Vorilhon, ein erfolgreicher Rennfahrer, Herausgeber eines Rennsport-Magazins, verheiratet, zwei Kinder, 27 Jahre alt, fuhr allein durch die vulkanische Gebirgsregion Zentralfrankreichs. Plötzlich senkte sich »eine Art Hubschrauber« aus dem Nebel herab: er hatte einen Durchmesser von ungefähr sieben Metern, eine flache Unter- und eine kuppelförmige Oberseite, ein rotes Licht am Boden und ein sehr helles weißes Licht an der Spitze. Er senkte sich bis zwei Meter über dem Boden und blieb so in der Schwebe, während sich eine Tür an der Unterseite öffnete, aus der eine Gestalt herauskam. Sie war knapp über einen Meter groß, hatte langes schwarzes Haar und einen Bart und trug einen grünen Overall. Der Mann blieb etwa zehn Meter vor Vorilhon stehen und begann, auf französisch mit ihm zu sprechen. Er erklärte, daß er alle Sprachen der Erde beherrsche, obwohl er von einem anderen Planeten komme. Er sagte Vorilhon, daß sein Volk ihn seit langem beobachtet hätte. Er nahm ihn mit in das Raumschiff und erklärte ihm, daß Vorilhon zum Boten auserwählt worden sei, um die Erdenbewohner von den freundlichen Absichten der Besucher zu unterrichten. Sie seien zur Erde gekommen, um zu sehen, was die Menschen so trieben, und um über sie zu wachen. Während der nächsten sechs Tage diktierten sie Vorilhon mehrere Botschaften und enthüllten ihm viele Wahrheiten, so daß es ihm gelang, auf der Grundlage ihrer Lehren ein Buch zu schreiben und eine Sekte zu gründen, die unter dem Namen Raeliten bekannt ist.[156]

Vorilhons Buch nennt sich »Das Buch, das die Wahrheit sagt« und beansprucht, »die wichtigste Offenbarung in der Geschichte der Menschheit« zu enthalten. Das dürfte nicht zu hoch gegriffen sein, wenn der Inhalt wahr ist. Aber ist er wahr? Offensichtlich gibt es eine Menge Leute, die das gern glauben würden, denn als Vorilhon einen Vortrag ankündigte, der in einem Raum mit 150 Sitzplätzen geplant war, kamen 3000 Zuhörer.

Wäre Vorilhons Geschichte die einzige ihrer Art, wären wir eher geneigt, die vorhandenen Zweifel zu seinen Gunsten auszuräumen. Unglücklicherweise ist seine aber nur eine von vielen derartigen Offenbarungs-Geschichten, die in den letzten paar Jahrzehnten veröffentlicht wurden. Sie folgen alle dem gleichen Muster, das schon so oft wiederholt wurde, daß man es als Stereotyp bezeichnen kann. Ein Mensch ist allein, meist in einer abgeschiedenen Gegend. Da erscheint plötzlich ein Raumschiff, Außerirdische steigen aus und man sagt ihm, daß er von den Fremden, deren Anliegen es ist, uns Erdenmenschen in dieser besonders schwierigen Phase unserer Geschichte beizustehen, als eine Art Mittelsmann auserwählt worden sei. So wurde 1954 der Londoner Taxifahrer George King von kosmischen Intelligenzen angewiesen, sich darauf vorzubereiten, Sprachrohr des interplanetarischen Parlaments zu werden. Seit dieser Zeit diente er als Gründer der blühenden »ätherischen Gesellschaft« als Bindeglied zwischen seinen kosmischen Herren und uns.[89]

George Adamski, ein 61jähriger polenstämmiger Mann, der seit seinem zweiten Lebensjahr in den Vereinigten Staaten gelebt hatte, war ein Amateurastronom, der sich gern als »Professor« ausgab und der Leiter einer mystisch-philosophischen Gruppe namens »Königlicher Orden von Tibet« war. Nur zwei Monate nach Kenneth Arnolds berühmter Beobachtung vom Juni 1947 behauptete Adamski, über dem Mount Palomar, wo er lebte, 184 fliegende Untertassen gesehen zu haben. Im November 1952 trat er aus einer Eingebung heraus persönlich in Kontakt zu dem Venusianer Orthon, der ihm bestätigte, daß Adamski zu ihrem Repräsentanten auf Erden auserwählt sei. In der Folgezeit fanden weitere Treffen und interplanetarische Flüge statt, die er in einer Reihe von Büchern beschrieben hat.[95] Obwohl er bereits 1965 starb, ist Adamski für viele treue Anhänger immer noch eine bedeutende Kultfigur, trotz aller Ungereimtheiten und Widersprüche in seinen Berichten. Laut einem seiner engsten Vertrauten war er Mitglied des interplanetarischen Rats, dem er so treu diente, daß ihm bei seinem Tod ein neuer Körper versprochen wurde, durch den er wirken könne, und so spielt er nun seine wichtige Rolle in einer anderen (unbekannten) Identität.[158] Abgesehen von den offensichtlichen Widersprüchen in seinen veröffentlichten Berichten, abgesehen auch von seiner zweifelhaften Rolle als selbsternannter Guru, fällt auf, daß sich Adamskis Abenteuer mit einer Science-Fiction-Geschichte aus dem Jahre 1946 deckt, der Story von Harold Sherman: *The Green Man.*[68] Sie beschreibt, wie ein Astronomie-Professor eines Nachts allein nach Hause fährt, und sein Auto plötzlich stehenbleibt. Er beginnt, zu Fuß weiterzugehen. Plötzlich sieht er ein großes, silbernes, zigarrenförmiges Objekt hinter ein paar Bäumen in der Luft schweben. Es ähnelt denen, von denen Adamski später behauptet, er habe sie photographiert und sei in ihnen gereist.

Eine beeindruckende Gestalt taucht auf und bittet den Professor, sich als besonderer Mittelsmann zwischen der Menschheit und einer fremden Zivilisation zur Verfügung zu stellen – gerade so, wie »Orthon« Adamski anwarb. Es kann durchaus sein, daß Shermans Kurzgeschichte, die bereits viele Elemente enthält, die später zu immer wiederkehrenden Motiven wurden, alle späteren Geschichten über Kontakte inspiriert hat.

Fall 13 Drakensberg, Südafrika 27.12.1954

Elizabeth Klarer war eine 44jährige, gebildete Frau, deren Interesse an UFO-Forschung in den Berichten deutlich wurde, die sie an die angesehene amerikanische Gruppe NICAP schickte. In der folgenden Zeit beobachtete sie selber UFOs, was in einem Treffen mit Akon gipfelte, einem Astrophysiker von Meton, der ein Planet der Proxima Centauri ist. Die Beziehung führte zur Geburt eines Sohnes, der bei seinem Vater auf Meton lebt. Frau Klarer, die zur Geburt nach Meton reiste, mußte zur Erde zurückkehren.[90]

Fall 14 Cergy-Pontoise, Frankreich 26.11.1979

Drei junge Männer beluden in den frühen Morgenstunden vor einem Wohnblock in einem Vorort von Paris einen Kombiwagen, mit dem sie auf einen Flohmarkt fahren wollten, als sie ein UFO sahen. Einer von ihnen, Franck Fontaine, fuhr ein kleines Stück, um besser sehen zu können. Als seine Kameraden wieder zum Auto kamen, stellten sie fest, daß er verschwunden war. Genau eine Woche später kehrte er zurück, ohne zu wissen, daß er weggewesen war. Mit der Zeit erkannte er, daß er an Bord eines UFOs entführt und zu einem anderen Planeten gebracht

Cergy-Pontoise, Frankreich, 26.11.1979 (Fall 14). Der Hauptzeuge Franck Fontaine verläßt die Polizeiwache, auf der er seine glückliche Rückkehr von der einwöchigen Entführung zu einem fremden Planeten durch ein UFO gemeldet hat.

worden war. Im Verlauf der folgenden Untersuchungen stellte sich heraus, daß die Fremden sich weniger für Franck interessierten als für Jean-Pierre Prevost, der zu einem ihrer Botschafter auf der Erde auserwählt war. Obwohl in dem Bericht der jungen Männer viele Ungereimtheiten festgestellt wurden, nahm sich einer von Frankreichs führenden UFO-Forschern, Jimmy Guieu, ihrer Sache an und veröffentlichte einige Monate später ein Buch mit der Geschichte ihres Abenteuers. Die jungen Männer erfreuten sich eine Zeit lang einer beachtlichen Berühmtheit. Sie hatten öffentliche Auftritte und wurden zu Kultfiguren mit einer beträchtlichen Gefolgschaft.[71, 65]
In der Geschichte gab es immer Leute, die nach einem

übermenschlichen Erlöser von den Leiden der Menschheit suchten. Das ist eine der Grundlagen der Weltreligionen.[35] Es ist deshalb einleuchtend, Fälle wie die beschriebenen als symptomatisch anzusehen für die Suche nach einem dem Raumzeitalter gemäßen Äquivalent für Religion. Der chiliastische Charakter der Behauptungen wird durch die »Botschaften« betont, die von den kosmischen Erlösern gesendet werden. Für die große Menge solcher Literatur sind folgende Auszüge aus den Lehren von Ashtar typisch, der ein hochrangiges Mitglied des intergalaktischen Bundes und des bedeutungsvoll titulierten »Vereinigten Rates der Universalen Bruderschaft« ist und mit dem mehrere Kontaktleute in Verbindung zu stehen behaupten:

Die neue Weltordnung wird kommen... Sie wird nichts, das jemals auf eurem Planeten stattgefunden hat, gleichen... Euer Planet wird sich dann in einer höheren Schwingung befinden. Euer Bewußtsein wird erweitert sein. George Washington und Abraham Lincoln waren durch uns inspiriert. Jesus war einer von uns. Er kam als unser Botschafter zur Erde... Während der nächsten Jahre wird es viele Veränderungen geben. Sobald sich die Bürger eures Landes und die der anderen Staaten der Welt zusammengeschlossen haben, können wir offen landen und mit euch sprechen. Wir wollen euch aus der Sklaverei befreien und uns mit euch hier zwischen den Sternen vereinen.[10]

Unvermeidlich stellt sich die Frage, was denn überhaupt an Wahrheit in solchen Behauptungen steckt. Haben Vorilhon, Klarer oder Adamski überhaupt jemals ein UFO gesehen? Der Leser muß das selbst entscheiden. Jedenfalls bedeutet in diesen Fällen das Fehlen jeglicher Bestätigung, daß sie keinen Beweiswert haben. Gleichzeitig aber sind sie fraglos von größtem soziologischen Interesse. Der UFO-Forscher, der nur die wissenschaftlichen Fakten sichern will, mag die Beschäftigung mit so verwirrendem Material ablehnen. Aber er kann sich der Tatsache nicht verschließen, daß die gleichen unbewußten Motivationen, die diesen Extremfällen zugrunde lagen, auf weniger dramatische Weise auch in einer großen Anzahl scheinbar unkomplizierter Fälle wirksam sein könnten.

Agenten des Bösen

Zwar hält die Mehrheit jener, die dem UFO-Kult huldigen, UFOs für wohlwollend freundlich gesinnt. Eine nicht unbedeutende Minderheit jedoch nimmt die entgegengesetzte Position ein. Während der frühen Jahre der Ära der »fliegenden Untertassen« gab es viele, die in ihnen eine Bedrohung sahen. Bücher und Filme zeigten sie als Invasoren, zuerst von Rußland oder einer anderen Macht, später aus dem Weltraum. Weil jedoch jegliches Anzeichen feindlicher Absichten auf seiten der UFOs fehlte, konnte diese Position immer schwerer aufrechterhalten werden. Sogar als von ihrem Auftauchen im gesperrten Luftraum über Washington, beispielsweise 1965, berichtet wurde, ergriffen sie nicht die Gelegenheit, dem Weißen Haus eine Bombe zu verpassen, wie man es von Invasoren hätte erwarten können.
Es gibt jedenfalls noch eine Denkschule, die die UFOs für noch bösartiger hält, als es irgendein Eindringling aus Fleisch und Blut von irgendeinem Planeten je sein könnte. Sie sehen die UFOs als Instrumente von geistigen Mächten an, guten wie bösen, die in einem kosmischen Konflikt um die Seelen der Menschheit kämpfen und deren Schlachtfeld das ganze Universum ist. »Der allen UFO-Erscheinungen heute zugrundeliegende Zweck«, behauptet der Physiker und Astronom Arthur Eedle, »ist die Vorbereitung auf das Kommen des Antichrist und die Errichtung der Weltherrschaft des Teufels.«[45] Ähnliche Ansichten äußerte eine überraschend große Anzahl von Autoren.

Fall 15 Charleston, South Carolina, USA 18. 3. 1978

Der 30jährige Lastwagenfahrer Bill Herrmann beobachtete ein metallisches, scheibenförmiges Objekt von etwa 20 Meter Durchmesser am Himmel in der Nähe seines Hauses. Plötzlich sank es vor ihm zu Boden. Er fiel auf den Rücken, fühlte, wie er von Licht überflutet und nach oben gezogen wurde; dann verlor er das Bewußtsein. Später kam er meilenweit entfernt auf offenem Feld zu sich. In Hypnose konnte er sich später erinnern, daß er an Bord eines Raumschiffs gewesen war, wo er von etwa 1,5 Meter großen, foetusartigen Wesen untersucht wurde. Für ihn war es keine Frage, daß sein Erlebnis eine »Vorspiegelung des Satans« war. Seitdem hatte er noch mehrere solcher Begegnungen, aber er verleugnet sie im Namen Gottes. Herrmann ist fundamentalistischer Baptist.[139]

Die Anhänger der Dämonen-These erzählen im Grunde die gleiche Geschichte wie die, die an einen kosmischen Erlöser glauben, nur daß sie die UFOs auf die Seite des Bösewichts statt des Helden stellen. Eine weitere Denkschule nimmt an, daß beide Seiten ähnlich ausgerüstet sind.

Fall 16 Highbridge, New Jersey, USA 1956

Howard Menger, ein selbständiger Schildermaler, traf eine Gruppe von Leuten aus dem Weltraum, die ihm mitteilten, daß er und seine zweite Frau in Wirklichkeit Venusianer seien. Sie erzählten ihm, daß »diese Erde das Schlachtfeld von Armageddon ist und der Kampf geht um die Seelen der Menschen«. Während die Wesen, denen Menger begegnete, zum Glück zu den »Guten« gehörten, stünde ihnen eine Anti-Gott-Gruppe gegenüber, die sich bestimmter Schlüsselfiguren in den Regierungen der Welt bediene. Das Sich-Sammeln der UFOs sei ein Zeichen dafür, daß die Zeit des Endes nahe sei.[102]

Für jemanden, der dieses Glaubenssystem nicht teilt, ist es schwer, eine Interpretation der UFOs als göttliche oder dämonische Sendboten ernst zu nehmen. Aber während die meisten Theoretiker auf diesem Gebiet stark bei dogmatischen Behauptungen und schwach bei faktischen Beweisen sind, hat man einige wenige Theorien (vor allem von Wilson und Weldon[159]) für gut dokumentiert und wohlbegründet gehalten. Die meisten UFO-Forscher würden diese Deutungen zwar der Kulturgeschichte und dem sozialen Hintergrund derjenigen zuschreiben, die sie sich zu eigen machen, aber das ändert nichts daran, daß es wichtig ist, ihren Standpunkt zu kennen und zu erforschen. Solch ein Glaube kann nicht nur die Art beeinflussen, wie ein Augenzeuge seine Erfahrungen berichtet, sondern er kann auch von vornherein bestimmen, was er zu sehen glaubt.

Entführungen

Ein Aspekt der UFO-Forschung, der zur Skepsis Anlaß gibt, ist, daß verschiedene Typen von UFO-Erlebnissen in Wellen auftreten, so als ob eine Art von Ereignissen in Mode und andere aus der Mode kämen. Heute sind naive Kontakterlebnisse wie das Adamskis, der sich in den 50er Jahren hervortat, verhältnismäßig selten. Statt dessen gibt es eine wachsende Anzahl von Fällen, die meist »Entführungen« genannt werden. Der folgende Vorfall ist die Urform.

Fall 17 Indian Head, New Hampshire, USA 19. 9. 1961

Barney und Betty Hill fuhren nachts durch ein dünn besiedeltes Gebiet Neu Englands, als sie ein merkwürdiges Objekt sahen, das ihrer Meinung nach ein UFO war. Es folgte ihnen ungefähr 50 Kilometer weit, dann senkte es sich

Indian Head, USA, 19.9.1961 (Fall 17): Zeichnung des Raumschiffs und seiner Insassen von Barney Hill.

herab und schwebte in der Nähe der Straße. Die Hills hielten an, um es sich anzuschauen: Barney stieg aus dem Auto aus, ging auf das Objekt zu und behauptete, er sähe Insassen. Sie setzten dann ihre Fahrt fort, aber sie litten an psychischen Problemen, die sie auf ihre Erfahrung zurückführten. Betty hatte Träume, in denen sie an Bord des UFOs genommen wurden und sich einer medizinischen Untersuchung unterziehen mußten. Barney litt unter Depressionen und Erschöpfungszuständen. Schließlich suchten sie deshalb die Hilfe eines Psychiaters. Er behandelte sie mit Hypnose, und in hypnotisiertem Zustand bestätigten beide Augenzeugen, daß Bettys Träume in Wirklichkeit ein Bericht von tatsächlichen Erlebnissen waren. Sie waren von ihren Entführern konditioniert worden, sie zu verdrängen. Nach diesem Bericht waren sie, nachdem sie weitergefahren waren, ohne Grund in eine Seitenstraße abgebogen, wo eine Gruppe fremder Wesen sie anhielt, sie mit in ihr Fahrzeug nahm und beide getrennt einer medizinischen Untersuchung unterzog. Die Lebhaftigkeit der erinnerten Erlebnisse und die Art, wie Barneys Erzählung zu der Bettys paßte, brachte die Augenzeugen sowie viele Kommentatoren zu der Annahme, daß sie die beschriebene Erfahrung wirklich gemacht hätten, obwohl ihr Arzt skeptisch blieb und es für wahrscheinlicher hielt, daß sie eine Art gemeinsamen Tagtraum erlebt hatten.[59, 47]
Seit 1961 gab es eine ganze Menge solcher Vorfälle. Häufig waren sehr vertrauenswürdige Augenzeugen in sie verwik-

kelt, wie der Polizeioffizier Herb Schirmer, der im Dezember 1967 auf Streife ein ganz ähnliches Erlebnis hatte.[18] Für den UFO-Forscher sind solche Berichte akzeptabler als der »Brüder-aus-dem-All«-Typ von Kontaktaufnahmen. Die Ereignisse sind meist logisch, häufig gibt es eine Verbindung zu einer vermutlich echten UFO-Beobachtung, und erfreulicherweise fehlen kultische Botschaften. Andererseits fördert die Tendenz solcher Ereignisse, einsamen Menschen in abgelegenen Gebieten zuzustoßen, so daß sie keine Möglichkeit haben, ihre zeitweilige Abwesenheit vom irdischen Schauplatz bestätigen zu lassen, nicht gerade die Glaubwürdigkeit der Berichte.

Als die ersten derartigen Fälle bekannt wurden, hielt man die Tatsache, daß sich die Zeugen unter Hypnose so lebhaft an die Ereignisse erinnern konnten, für einen schwerwiegenden Beweis. Aber während der letzten Jahre haben wir so viel Neues über Hypnose erfahren, daß wir die Möglichkeit anderer, wenn auch oft sehr komplexer psychologischer Prozesse in Betracht ziehen müssen. Entführungsfälle sind so bemerkenswert und versprechen so viele Einsichten in psychologische Vorgänge, daß sie die Erforschung als selbständiges Phänomen verdienen und zum Gegenstand eines weiteren Bandes der vorliegenden Reihe gemacht wurden.[129] Der Leser muß selbst entscheiden, was sie zur Gesamtheit der Beweise für das Vorhandensein von UFOs beitragen. Aber wie auch die dämonischen und himmlischen Interpretationen weisen sie zumindest auf kulturelle Faktoren hin, mit denen der UFO-Forscher rechnen muß.

UFOs und das Individuum

Ein Grund dafür, warum Entführungsfälle glaubwürdiger sind als Kontaktfälle, liegt darin, daß der Augenzeuge in aller Regel nicht behauptet, er sei »auserwählt«. Das be-

deutet, sie hätten jedem zustoßen können. Schirmer oder das Ehepaar Hill waren nur zufällig die ersten, die des Wegs kamen.
Paradoxerweise gibt es jedoch in vielen Fällen Hinweise darauf, daß es eine Art psychischer Verbindung zwischen dem Augenzeugen und dem UFO oder seinen Insassen gibt. Auch wenn eine solche Behauptung positivistischen Ufologen ein Greuel ist, darf die psychologische Dimension genauso wenig außer acht gelassen werden wie die soziologische Dimension, die wir oben festgestellt haben. Es gibt viele Fälle, in denen die psychologische oder parapsychologische Verbindung in den Ereignissen zentralen Stellenwert hat und ein wesentliches Element des Beweismaterials bildet.

Fall 18 Südostfrankreich 2.11.1968

Ein Arzt wird gegen vier Uhr morgens von seinem kleinen Sohn geweckt, der von seinem Bettchen aus zum Fenster zeigt. Der Augenzeuge schaut hinaus und sieht Lichtblitze über dem Tal. Anscheinend ist ein Gewitter im Anzug. Dann sieht er zwei scheibenförmige Objekte, die jeweils einen Lichtstrahl nach unten senden. Sie bewegen sich auf ihn zu und verschmelzen zu einem Objekt, das immer näher kommt. Plötzlich wird ein Lichtstrahl auf ihn gerichtet, das UFO explodiert zu einem wolkigen Gebilde und löst sich auf. Das ganze Ereignis hat zirka zehn Minuten gedauert. Erschüttert schreibt er einen Bericht von dem Geschehen und weckt seine Frau, um ihr davon zu erzählen. Plötzlich stellt er fest, daß die Schmerzen in seinem Bein, die Nachwirkung einer alten Kriegsverletzung, sowie die Schwellung, die von der Verletzung herrührte, verschwunden sind. Er legt sich wieder schlafen, aber er spricht im Schlaf. Seine Frau schreibt den Satz auf: »Der Kontakt wird am 2. November durch einen Sturz auf der Treppe wiederhergestellt werden.«

Am nächsten Tag schläft er bis zum Nachmittag durch. Beim Erwachen erinnert er sich nicht an die Abenteuer der vergangenen Nacht, auch nicht, als ihm seine Frau seine Notizen zeigt. Später an diesem Nachmittag fällt er die Treppe hinunter, und sie erinnern sich, daß das Datum der 2. November ist. Mit dem Sturz kehrt die Erinnerung an das Ereignis zurück. Während seine Beinverletzung immer noch geheilt ist, hat er Schmerzen in der Nabelgegend. Ein merkwürdiges dreieckiges Mal erscheint, für das die Ärzte keine Erklärung haben. Noch merkwürdiger ist, daß ein ähnliches Mal am Körper seines kleinen Sohnes erscheint.[56]

Man ist versucht, einen so bizarren Fall von weiteren Untersuchungen kurzerhand auszuschließen. Aber er hat die beeindruckende Unterstützung von Aimé Michel, Frankreichs renommiertestem UFO-Forscher, der mit »Dr. X« persönlich bekannt ist und den Fall gründlich untersucht hat. Wenn wir den Vorfall jedoch als Beweis akzeptieren, müssen wir auch das Vorhandensein einer Art von mentaler psychischer Verbindung annehmen, die ein Einverständnis zwischen dem Augenzeugen und den Objekten oder denen, die sie lenken, nahelegt. Gleichzeitig scheint die Tatsache, daß der kleine Sohn seine Aufmerksamkeit auf die Objekte lenkte, einen gewissen Grad physischer Realität zu belegen.

Solche »psychische Verbindungen« nehmen viele Formen an. 1981 untersuchten UFO-Forscher in Bristol eine Hausfrau, die sich intuitiv der Gegenwart von UFOs bewußt war und die in Anwesenheit von Beobachtern die Bewegungen sichtbarer UFOs lenken konnte. In Amerika hatte Rutledge[13] ähnliche Erlebnisse, und es gibt mehrere Augenzeugen, wie z. B. Luis Jose Grifol aus Spanien, die Dutzende von Photos vorwiesen und behaupteten, sie zeigten UFOs, mit denen sie auf irgendwelche Weise in Verbindung stünden.[66]

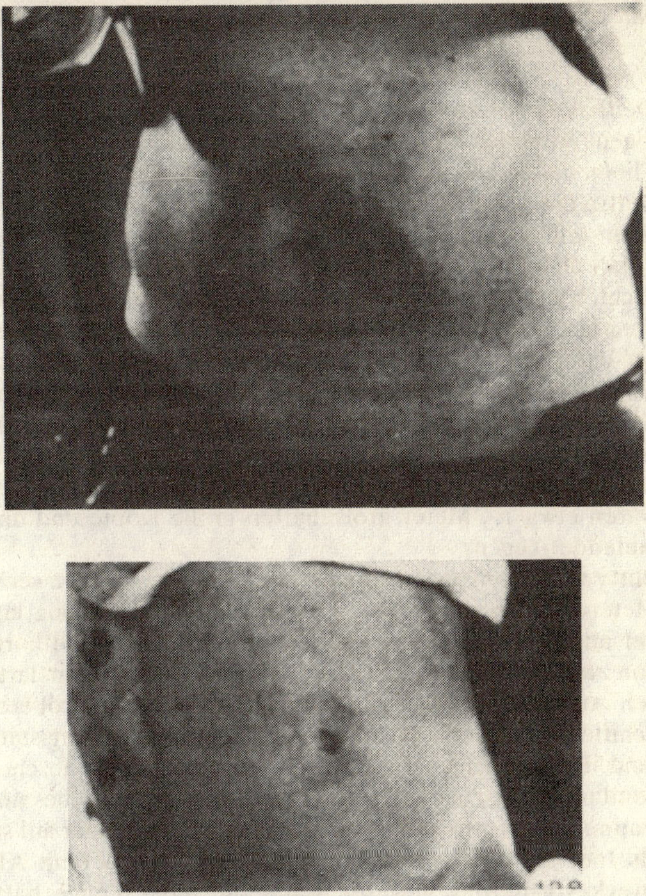

Südostfrankreich, 2. 11. 1968 (Fall 18). Die Photos zeigen die unerklärlichen Male, die in der Nabelgegend von »Dr. X« und seinem 14 Monate alten Sohn nach ihrer Beobachtung auftauchten.

Fall 19 South Ashburnham, Massachusetts, USA 25. 1. 1961

Der Fall von Betty Andreasson, der von kompetenten Ufologen gründlich untersucht wurde, enthält mehrere der Themen, die wir in diesem Kapitel angesprochen haben. Betty, eine Hausfrau, war mit ihren sieben Kindern und ihren Eltern zu Hause; ihr Mann lag nach einem Autounfall im Krankenhaus. Gegen 6.35 Uhr abends gingen die Lichter aus, und durch das Küchenfenster konnte man vor dem Haus ein pulsierendes orange-rotes Licht sehen. Bettys Vater sah, wie eine Gruppe kleiner Wesen näher kam. Einen Augenblick später betraten fünf Humanoide die Küche. Während der Rest der Hausgemeinschaft in scheintoten Zustand versetzt wurde, kommunizierte der Anführer der Besucher durch Telepathie mit Betty. Die Wesen waren etwa 1,5 Meter groß, hatten große Köpfe und umlaufende Augen.

Betty wurde hinaus zu einem kleinen UFO von etwa sechs Metern Durchmesser gebracht, das auf dem Abhang lag, der an ihren Garten grenzte: es hatte die klassische Form von zwei aneinandergelegten Tellern mit einem kuppelartigen Aufbau. Sie wurde in diesem UFO zu einem größeren Schiff transportiert, wo eine physische Untersuchung stattfand. Dann ging es weiter zu einem fremdartigen, anscheinend unterirdischen Ort, an dem sie ein schmerzliches und traumatisches religiöses Erlebnis hatte, das sich eher auf sie als Individuum zu beziehen schien, als daß es eine Allzweck-Vorführung gewesen wäre, die jeder Zeuge hätte erleben können.

Sie wurde gegen 10.40 Uhr abends heimgebracht, wo sie ihre Familie immer noch scheintot vorfand. Alle gingen zu Bett. Sie schienen nur ein undeutliches Bewußtsein der Ereignisse zu haben. Betty selbst wußte so wenig über UFOs, daß sie als fromme Christin das Erlebnis hauptsächlich als religiöses ansah.[58]

Der Andreasson-Fall ist äußerst vielschichtig und reich an kulturellen und psychologischen Untertönen. Die Zeugin wurde von ihrem Erlebnis in ihrer Weltanschauung und in ihrem Temperament stark beeinflußt. Das trifft auf sehr viele Zeugen zu, die behaupten, so nahe Erfahrungen gemacht zu haben. 1980 hielt Dr. Leo Sprinkle eine dreitägige Konferenz an der Universität von Wyoming ab, auf der eine Anzahl angeblich Kontaktierter von ihren Erlebnissen berichteten und ihre Reaktionen verglichen. Die Ähnlichkeit mit religiösen Bekehrungserfahrungen, der Erfahrung einer »Wiedergeburt«, war in vielen Fällen bemerkenswert.[130]
Es ist gut möglich, daß allen in diesem Kapitel beschriebenen Fällen eine Untersuchung durch Psychologen oder Soziologen oder sogar durch Parapsychologen besser gerecht wird als durch den UFO-Forscher. Trotzdem wäre es voreilig, sie als für unsere Forschungen bedeutungslos niederzuschlagen, solange der Augenzeuge eine Verbindung mit UFOs behauptet. Es gibt drei mögliche Entwicklungen:

* Diese Fälle sind so wahr wie alle anderen, die als Beweis für das Vorhandensein von UFOs angeführt werden.
* Sie beginnen als den Tatsachen entsprechend, aber das physikalische Ereignis bewirkt eine subjektive Reaktion im Kopf des Zeugen, der den Rest so zusammenphantasiert, wie es ihm seine psychologische und/oder soziokulturelle Situation nahelegt.
* Sie sind reine Phantasien, die auf keinem faktischen Ereignis beruhen, sondern nur auf dem unbewußten Wissen des Zeugen von solchen Fällen, das seine Phantasie benützt, weil dieses Wissen ihr eine angemessene Ausdrucksmöglichkeit bietet.

Derartige Fälle könnten zu zweifelhaft sein, um sie als Beweise für UFOs anzuführen, aber sie zwingen uns zu der Erkenntnis, daß der UFO-Augenzeuge alles andere als ein unbeteiligter Beobachter ist. Sowohl als Individuum, mit seinen eigenen psychologischen Dispositionen, als auch als Mitglied der Gesellschaft mit ihren Glaubenssätzen und Werten ist er motiviert und geprägt von Vorurteilen in bezug auf das, was er zu sehen meint, und darauf, wie er es berichtet. Alles Beweismaterial für UFOs bleibt zweifelhaft, solange diese psychologischen und sozialen Dimensionen nicht in Rechnung gestellt worden sind.

3

Physische Beweise

Seit dem Tag, an dem zum ersten Mal »fliegende Untertassen« die Aufmerksamkeit der Weltöffentlichkeit auf sich zogen, gibt es Gerüchte, daß eine oder mehrere von ihnen abgestürzt seien und nun unter äußerster Geheimhaltung von der Regierung aufbewahrt und untersucht würden. Manchen Berichten zufolge schließt das sogar die UFO-Insassen mit ein, ob tot oder lebendig. Obwohl es keinen gesicherten Beweis dafür gibt, daß diese Geschichten auf Tatsachen beruhen, muß man zugeben, daß eine ganze Anzahl bemerkenswerter Indizien darauf hinweist. Zumindest ist klar, daß einige Regierungen, besonders die der Vereinigten Staaten, *irgend etwas* verbergen.[13, 47]
Die Entdeckung eines abgestürzten UFOs könnte nur noch von der klassischen »Landung auf dem Rasen vor dem Weißen Haus« übertroffen werden, von der alle UFO-Forscher träumen. Wir wüßten dann mit Sicherheit, daß UFOs physisch vorhanden und künstlich hergestellt sind, und wir hätten eine Basis, um vollständige Informationen über ihr Wesen, ihre Herkunft, ihren Zweck, ihre Fortbewegungsart und andere ungelöste Fragen zusammenzustellen.

UFO-Trümmer

Fast so gut wie ein ganzes UFO wäre ein Stück davon. Im Lauf der Jahre wurde von einer ganzen Anzahl von Bruchstücken berichtet, die angeblich von UFOs stammen.

Fall 20

In der Nähe von Les Ecureuils, Kanada *12. 6. 1960*

Nach einem Überschall-Knall, der die ganze Umgebung erzittern ließ, fand ein Strandgutsucher am Ufer des St. Lawrence-Flusses mehrere Trümmer aus Metall, von denen das größte über zwei Meter lang war und mehr als 1200 Kilogramm wog. Eine Untersuchung ergab, daß es sich um eine Metallegierung handelte, in die verschiedene Instrumente eingeschmolzen waren, wie Röhren und irgendwelche elektronischen Bauteile. Verschiedene Analysen erbrachten widersprüchliche Resultate, aber keine klaren Ergebnisse. Obwohl die einzige Verbindung zu UFOs in dem Überschall-Knall besteht, ergibt keine Erklärung der Teile als von Menschenhand hergestellt einen Sinn.[140]

Ähnliche Rätsel gibt es auch in anderen Fällen von Trümmerfunden, von denen etwa ein halbes Dutzend einigermaßen glaubwürdig gemeldet wurde. Der bekannteste Fall ereignete sich 1957 in Ubatuba, Brasilien, wo einige Metallstücke von Augenzeugen gesammelt wurden, die die Explosion einer UFO-Scheibe über einem Strand beobachtet hatten. Leider schrieben die Absender, welche die Splitter in einem Päckchen verschickten, so unleserlich, daß man sie nicht ermitteln konnte. Ebensowenig konnten die Untersuchenden auch nur einen einzigen Augenzeugen der angeblichen Explosion ausfindig machen. Die Analyse des Metalles ergab, daß es sich dabei um eine seltene Aluminiumsorte handelte, jedoch auch wieder nicht um eine so ungewöhnliche, daß die Annahme einer außerirdischen Herkunft zwingend wäre.[140]

Ein weiterer enttäuschender Fall ist der eines Mr. Richardson, der am 13. Juli 1967 mit einem Freund im Auto fuhr, als ihm nach einer Biegung der Landstraße plötzlich ein leuchtendes Objekt den Weg versperrte. Weil er nicht mehr rechtzeitig bremsen konnte, stieß er mit ihm zusammen, bevor es verschwand. Der Schaden war gering, aber er holte die Polizei, die mit ihm zum Unfallort kam. Außer Richardsons Bremsspuren war dort nichts zu sehen. Aber als er am nächsten Tag allein zurückkehrte, fand er ein Stück metallischen Materials, das er der Forschungsanstalt APRO übersandte. Obwohl er angeblich niemandem davon erzählt hatte und obwohl auch die APRO nur einen ihrer Forscher informiert hatte, erhielt Richardson Besuch von Leuten, die ihm drohten, »wenn Sie wollen, daß Ihre Frau so hübsch bleibt, wie sie ist, sollten Sie sich das Metall wieder zurückholen.« Wenn das den Tatsachen entspricht, dann haben die Regierungs-Bevollmächtigten, wie sie sich selber nannten, Richardsons Geschichte nicht nur geglaubt, sondern sie haben das Bruchstück auch für wichtig gehalten: Er hörte jedoch nichts mehr von den Bedrohern, und auch der weitere Verbleib des Metallstücks ist unbekannt.[5]

Auch wenn solche Bruchstücke einer wissenschaftlichen Analyse unterzogen wurden, waren die Ergebnisse nie eindeutig. Darüber hinaus konnte nicht eines dieser Fundstücke mit einer überzeugenden UFO-Beobachtung in Zusammenhang gebracht werden. Deshalb liefern uns solche Fälle von Materialfunden keine Beweise von wirklichem Wert.

Eine andere physikalische Substanz, die mit UFOs in Zusammenhang gebracht wird, ist das gazeartige Gespinst, das im Volksmund »Engelshaar« genannt wird und das man immer wieder in großer Menge vom Himmel fallen sieht, manchmal auch im Zusammenhang mit UFO-Beobachtungen. Von vielen Fällen ist der folgende wahrscheinlich der deutlichste Hinweis auf eine Verbindung mit UFOs:

Der Schulrektor M. Prigent saß um zehn Minuten vor ein Uhr mit seiner Frau und den Kindern beim Mittagessen. Plötzlich sah er ungewöhnlich aussehende Schäfchenwolken, über denen sich ein langer, schmaler, zylindrischer Gegenstand befand. Er war eher weiß als leuchtend, hatte eine deutlich erkennbare Form, war etwa in einem Winkel von 45 Grad geneigt und stieß oben kleine weiße Wölkchen aus. Er schätzte die Höhe des Objekts auf zwischen zwei- und dreitausend Meter. Vor ihm her flogen etwa 30 kleinere Objekte. Mit dem bloßen Auge betrachtet sahen sie formlos aus wie Rauchbälle, aber mit dem Fernglas konnte man erkennen, daß es sich um rote Kugeln mit einem gelben Ring um die Mitte, ähnlich dem Planeten Saturn, handelte. Alle Flugkörper bewegten sich auf einem Zick-Zack-Kurs, die kleinen Objekte paarweise. Immer wenn sich zwei der Objekte voneinander bewegten, schienen sie eine weißliche Spur, wie einen elektrischen Lichtbogen, hinter sich zu lassen. Außerdem hinterließen sie lange Schwaden einer Substanz, die sich auflöste und zur Erde sank. Danach waren stundenlang Bäume, Telephonleitungen und Dächer mit dem Zeug bedeckt, das, wie zahlreiche Zeugen bestätigten, geleeartig wurde, sich auflöste und schließlich ganz verschwand. Experten versuchten vergeblich, es zu bestimmen.[106]

»Engelshaar« wird oft als in der Luft schwebende Spinnweben erklärt, und es besteht kaum ein Zweifel, daß dies in vielen Fällen die zutreffende Erklärung ist. Aber sofern M. Prigent und seine Familie sich die Beobachtung nicht eingebildet haben, scheint es sich in diesem Fall sicherlich um etwas Ausgefalleneres als um Spinnweben gehandelt zu haben.

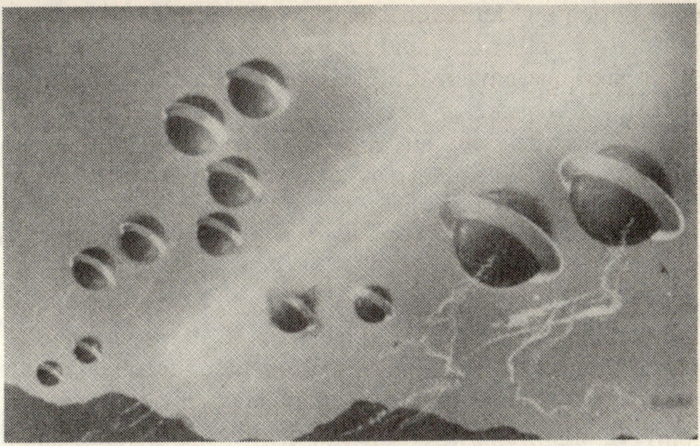

Oloron, Frankreich, 17.10.1952 (Fall 21). Künstlerische Darstellung.

Abdrücke

Wenn die Bruchstücke, von denen behauptet wird, sie seien Teile von UFOs, schwer identifizierbar sind, so gilt das ebenso für Spuren, die sie hinterlassen haben sollen. Leider neigen die Leichtgläubigeren unter den UFO-Forschern dazu, jeden unerklärlichen Abdruck auf der Erde dem Besuch von UFOs zuzuschreiben, aber die Verbindung ist nicht immer so klar wie damals in Livingston (Fall 4) oder Valensole (Fall 6).
Angeblich von UFOs hinterlassene Spuren bestehen hauptsächlich aus Abdrücken von einer Landung oder vom Stehen auf dem Erdboden. Immer wieder wird von kreisrunden wirbelförmigen Stellen in der Vegetation berichtet, vor allem in Getreidefeldern: Besonders in Australien gab es eine ganze Anzahl solcher »Nester«, bei denen eine Verbindung zu UFOs hergestellt wurde. Jedenfalls sind zweifellos für einige von ihnen, wenn nicht für alle, ungewöhnliche meteorologische Einflüsse die Ursache.[122]

1980 berichtete der amerikanische Forscher Ted Phillips, er hätte 1058 Fälle von Landungsspuren dokumentiert. Darunter sind diejenigen die überzeugendsten, bei denen es sich um Abdrücke in der Erde handelt, die oft auf sehr hohe Gewichte oder Drücke schließen lassen und die in einer Weise angeordnet sind, die von der Landevorrichtung eines UFOs herrühren könnte. In Valensole (Fall 6) fand man bei der Untersuchung heraus, daß sich an der Stelle, an der nach Aussage des Zeugen das UFO gestanden haben soll, eine zylindrische Vertiefung von 18 cm Durchmesser und 40 cm Länge befand, die offensichtlich durch den von M. Masse beschriebenen zentralen Schaft verursacht wurde – eine sehr ungewöhnliche Struktur, denn die meisten UFO-Augenzeugen berichten von einem Satz gespreizter »Beine«, wenn sie die Landevorrichtung beschreiben. Man fand auch tatsächlich in Valensole vier kleinere Abdrücke um das mittlere Loch herum im Boden. Die Analyse einer Bodenprobe aus dem Loch ergab einen Calcium-Anteil von 18 Prozent, wogegen in der Vergleichsprobe der Anteil verschwindend gering war. Die Spuren waren danach über vier Jahre lang sichtbar und verschwanden erst, als der Boden umgepflügt wurde.
Natürlich haben Abdrücke nur dann Beweiskraft, wenn sie in unbestreitbarem Zusammenhang mit einer UFO-Beobachtung stehen; daraus folgt, daß der Beweiswert der Spuren nur so hoch ist wie der der Beobachtung, mit der sie zusammenhängen. In solchen Fällen könnten Spuren in der Tat den Beweis untermauern. Im Fall von Livingston (Fall 4) kann man sich kaum vorstellen, daß Taylor die Spuren selber gemacht haben sollte oder könnte. Darüber hinaus schließt es häufig praktisch alle anderen Erklärungen aus, wenn sich zeigt, daß eine Kraft von mehreren tausend Kilogramm erforderlich ist, um den Abdruck zu schaffen. Daraus läßt sich schließen, daß Abdrücke als Zusatzinformation recht wichtig sein können, auch wenn sie als einziger Beweis nicht ausreichen.

Falcon Lake, Kanada, 20.5.1967 (Fall 22). Skizze des Augenzeugen.

Wirkungen auf Menschen

Viele Leute, die mit UFOs in Berührung oder ihnen auch bloß nahe gekommen sind, berichten von körperlichen Auswirkungen.

Fall 22 *Falcon Lake, Kanada* *20.5.1967*

Der 51jährige Steven Michalak war allein in einem waldigen, felsigen Gebiet beim Schürfen, als er zwei ovale UFOs sah, die sich rasch zur Erde senkten. Das eine landete etwa 50 Meter von ihm entfernt, das andere blieb eine Weile in der Schwebe und flog dann mit hoher Geschwindigkeit davon. Er beobachtete das gelandete Objekt ungefähr 30 Minuten lang. Während der Zeit wechselte es seine Farbe von Rot zu Grau und schließlich zu einem Farbton »wie leuchtender Stahl«. Eine Tür öffnete sich, aus der ein lilafarbenes Licht fiel und warme Luft mit schwefeligem Geruch nach außen trat. Michalak trat näher heran: in einer Entfernung von etwa 20 Metern hörte er Stimmen aus dem

Innern des Objektes. Er versuchte, die Insassen anzurufen, aber er erhielt keine Antwort, also ging er noch näher an das Objekt heran und schaute schließlich durch die Öffnung hinein.

Dazu setzte er aber vorsichtshalber eine Schutzbrille auf, die er beim Schürfen immer dabei hatte. Im Innern des Objekts konnte er ein Lichtlabyrinth aus Strahlen erkennen, die anscheinend ungeordnet in alle Richtungen verliefen. Als er die Oberfläche des Objekts untersuchte, kippte es, und er fühlte einen brennenden Schmerz in der Brust. Als er die Maschine berührte, zerschmolz sein gummibeschichteter Handschuh, und sein Hemd fing Feuer. Er riß sich das Hemd vom Leib: im gleichen Augenblick hob das Objekt vom Boden ab, schoß davon und war schnell verschwunden.

Hinterher war Michalak übel, und er hatte Angst. Als er seine Brust untersuchte, entdeckte er Male, die eine Art Gittermuster bildeten, genauso wie die verbrannten Stellen auf seinem Hemd. Später bekam er einen Ausschlag. Als er mit Forschern an den Ort des Geschehens zurückkam – wozu er mehrere Anläufe brauchte, weil er sich nur mit Mühe an die Umgebung erinnern konnte – war die Umrißform des UFOs auf dem Erdboden erkennbar, und die Bäume in der Nähe waren verdorrt oder abgestorben.[21]

Fall 23

In der Nähe von Huffman, Texas, USA *29. 12. 1980*

Die 51jährige Betty Cash fuhr zusammen mit ihrer Freundin und Arbeitskollegin Vickie Landrum, 57 Jahre alt, und Vickies siebenjährigem Enkel Colby gegen neun Uhr abends eine Landstraße entlang, als sie etwa fünf Kilometer vor sich ein leuchtendes, feurig aussehendes Objekt entdeckten. Sie sahen zu, wie es sich bis zur Höhe der Baumwipfel senkte, und sie hörten ein piepsendes Geräusch. Als sie näher heranfuhren, konnten sie erkennen, daß das Ding um einiges größer war als ein Auto und daß es sich nun so tief gesenkt hatte, daß es sicherlich die Bäume versengt hätte, wenn es nicht über der Straße geschwebt hätte. Ungefähr 60 Meter vor dem Objekt stoppte Betty das Auto, weil sie Angst hatte, darunter hindurchzufahren. Alle drei stiegen aus, um es anzuschauen. Sogar in dieser Entfernung konnten sie die Hitze spüren. Nach zwei oder drei Minuten bekam der Junge Angst und ging ins Auto zurück. Seine Großmutter stieg auch ein, um ihn zu trösten, obwohl sie als fromme Christin das Objekt mit Jesus Christus in Verbindung brachte. Betty blieb noch eine Weile draußen: sie bemerkte, daß die Karosserie ihres Wagens sehr heiß geworden war.

Schließlich entfernte sich das Objekt, und die Augenzeugen sahen, daß es von einer Anzahl Hubschrauber begleitet wurde, die sie später als CH 47 und andere Typen identifizierten, wie sie von der Luftwaffe der Vereinigten Staaten benutzt werden. Von offizieller Seite wurde jedoch abgestritten, daß irgendeines ihrer Luftfahrzeuge sich in dieser Gegend befunden habe.

Als Betty Cash um 9.50 Uhr heimkam, war ihr sehr übel; Hals, Ohrläppchen und Augenlider waren aufgedunsen, und sie hatte Blasen im Gesicht: ihre Augen waren fast zugeschwollen, so daß sie mehrere Tage lang nicht richtig sehen konnte, und sie hatte starken Haarausfall. Eine Zeitlang konnte sie nichts essen und litt unter Erbrechen und Durchfall. Sie lag 15 Tage im Krankenhaus, und auch nach ihrer Rückkehr war sie müde, litt an Kopfschmerzen, konnte nicht arbeiten. Der Zustand dauerte über ein Jahr lang an. Die anderen beiden Augenzeugen waren weniger schwer betroffen, vermutlich, weil sie früher wieder ins Auto zurückgegangen waren. Aber in abgeschwächter Form litten sie unter den gleichen Symptomen, und der Junge wurde von Alpträumen heimgesucht.

Ein anderer Zeuge bestätigte die UFO-Beobachtung und

In der Nähe von Huffman, Texas, 29.12.1980 (Fall 23). Künstlerische Darstellung von Kathy Schuessler, der Frau des Chef-Rechercheurs der Zeitschrift *MUFON Journal* vom November 1981.

drei andere sahen die Hubschrauber. Trotz offizieller Dementis ist es wahrscheinlich, daß die Augenzeugen ein geheimes Testobjekt der Regierung gesehen haben. Aber die Untersuchung ist nicht abgeschlossen. Ein sicheres Ergebnis steht noch aus.[148]

Diese Art von Vorfällen liefert bis heute den wichtigsten Beweis für Nachwirkungen von UFOs. Die medizinischen Tatsachen sind unleugbar vorhanden, und wir hatten das Glück, daß der Fall innerhalb weniger Tage von Fachleuten untersucht wurde. Obwohl es schwerwiegende Verdachtsmomente für eine Beteiligung der Regierung gibt, ist es kaum vorstellbar, daß ein Geheimprojekt auf öffentlichem Gebiet getestet würde. Deshalb wurde die Vermutung geäußert, daß der amerikanische Staat vielleicht einem außerirdischen Raumschiff in Not Hilfe leistete!

Auch wenn es sich herausstellen sollte, daß es sich in diesem Einzelfall um ein amerikanisches Projekt handelte, könnte man kaum für die Dutzende anderer Beispiele, in denen UFO-Beobachter körperliche Nachwirkungen spürten, dasselbe behaupten. Kopfschmerzen, Übelkeit, Durchfall und Erbrechen werden von Augenzeugen immer wieder genannt, die nicht einmal unbedingt in der Nähe des Objekts gewesen sein müssen. Manchmal besteht eine Verbindung zu einem Lichtstrahl, der auf die Zeugen gerichtet wurde, aber das ist nicht immer der Fall. Ebensowenig treten die Symptome jedesmal auf. Auch hier ist das Beweismaterial nicht eindeutig.

Radar-Vorfälle

Die Astronomen haben von der Existenz von Himmelskörpern, die sogar für die Instrumente unsichtbar sind, durch ihren Einfluß auf andere, sichtbare Körper erfahren. Ebenso ist es theoretisch möglich, das Vorhandensein von UFOs aus ihren Wirkungen herzuleiten – auch wenn es keinen faßbaren Beweis ihrer Existenz gibt.

Ein einleuchtendes Beispiel ist das Radar. Radarabtastung findet heute ständig überall auf der Welt statt und erfaßt große Gebiete des Himmels sowohl von der Erde als auch vom Luftraum aus. UFOs werden gelegentlich im Verlauf des normalen Betriebs geortet. Wenn sie gemeldet werden und lokalisiert sind, hält man auch auf Radarschirmen nach ihnen Ausschau.

Schon 1964 konnte die amerikanische NICAP-Organisation 81 Fälle aufzählen, die Hinweise auf eine Radar-Ortung von UFOs gaben und die sich alle zwischen 1948 und 1962 ereignet hatten. 59 davon waren Kombinationen von Radar- und optischen Beobachtungen, elf waren Radar-Ortungen sowohl von der Erde aus als auch aus der Luft, und einer wurde außerdem auch photographiert. Der folgende Fall ist typisch:

Sergeant William Kelly und seine Kollegen orteten auf ihren Radarschirmen sechs unidentifizierte Zielpunkte. Während fünf Abtastungen durch die Antenne (was etwa eine Minute dauerte) änderten die Punkte fünfmal ihre Richtung, manchmal um 90 Grad. Als der Radar anzeigte, daß sich die Objekte 16 Kilometer von der Station entfernt befanden, ging die Mannschaft hinaus, um nachzusehen, ob etwas zu erkennen wäre. Sie sahen, wie sechs Objekte hintereinander herflogen, sich aber gelegentlich auch anders formierten. Ihre Geschwindigkeit wurde auf zwischen 2200 und 2500 km/h berechnet. Zu dieser Zeit stand der Geschwindigkeitsrekord in der Luft bei knapp über 1200 km/h. Andere Radarstationen wurden benachrichtigt, und auch sie konnten die Objekte feststellen.[113]
Radar-Beobachtungen sind für skeptische Kritik besonders leicht anzuzweifeln, weil bekannt ist, daß Radar alle möglichen ungewöhnlichen Signale auffängt und zwischen vielen Arten von Zielen nicht unterscheiden kann. Häufig kann es nur anzeigen, daß »etwas« da ist, das ein Flugzeug sein könnte, genausogut aber auch ein Vogelschwarm, ein Fesselballon oder eine Naturerscheinung wie z. B. Luftschichten unterschiedlicher Temperatur.
Natürlich sind die Männer am Radarschirm mit solchen Unregelmäßigkeiten vertraut, sonst wäre das System ja praktisch nutzlos. Wenn ein Radar-Beobachter sagt, er habe etwas gefunden, was er nicht erklären kann, kann man seine Aussage folglich nicht einfach als unwahr abtun. Auch wenn wir nur von der Anzahl rätselhafter Fälle ausgehen, die veröffentlicht wurden, scheinen sie zu häufig vorzukommen, um sie einfach durch Zufälle zu erklären. Es ist auch zu bedenken, daß Radar-Systeme meist entweder von der Regierung oder von halb-offiziellen Stellen wie Flughäfen betrieben werden, die unter strengen Sicherheitsvorkehrungen arbeiten. Man darf deshalb annehmen,

daß die Anzahl von ungewöhnlichen Radar-Beobachtungen, die öffentlich bekanntwerden, nur einen kleinen Teil derjenigen darstellt, die sich tatsächlich ereignen.
Weil Radar jedoch leicht falsche Ziele anzeigt, kann kein nur durch Radar dokumentierter Fall als beweiskräftig eingestuft werden, selbst wenn er von erfahrenen Leuten unter Idealbedingungen aufgezeichnet wurde. Aber wenn eine solche Meldung mit einer visuellen Beobachtung gekoppelt ist, wie in Fall 24, wird der Beweiswert sehr hoch, denn sie zeigt, was auch immer der Zeuge gesehen hat, daß da etwas war, das ein Radar-Strahl orten kann.

Fall 25 *Turin, Italien* *30. 11. 1973*

Riccardo Marano wollte gegen sieben Uhr abends mit seiner privaten Piper Navajo auf dem Flugplatz von Caselle landen, als der Kontrollturm ihn auf ein unidentifiziertes Objekt in 400 Meter Höhe über der Landebahn aufmerksam machte. Marano flog auf es zu, aber es entfernte sich mit unregelmäßigen Bewegungen. Es flog, wie es kein Flugzeug kann, in horizontalen und vertikalen Sprüngen. Als er sah, daß es annähernd 4800 Meter – in senkrechter Richtung – innerhalb von zwei Sekunden zurücklegte, schätzte er die Geschwindigkeit des Objekts auf etwa 5000 km/h. Der Flugplatz-Kommandant sah das Objekt auf dem Radarschirm, was auf ein Objekt von der Größe einer DC 8 schließen läßt. Später wurde es von militärischem Radar entdeckt. Die optische Beobachtung wurde sowohl von zwei Berufspiloten der Alitalia als auch von mehreren zivilen Beobachtern bestätigt.[20]
Der französische Ufologe Michel Monnerie hat Unstimmigkeiten in den Berichten über diesen Fall festgestellt, und er schließt daraus, daß der Mann am Radar ein Echo empfangen hat (möglicherweise von einem Wetterballon), dann zum Fenster ging, um nach etwas Sichtbarem zu

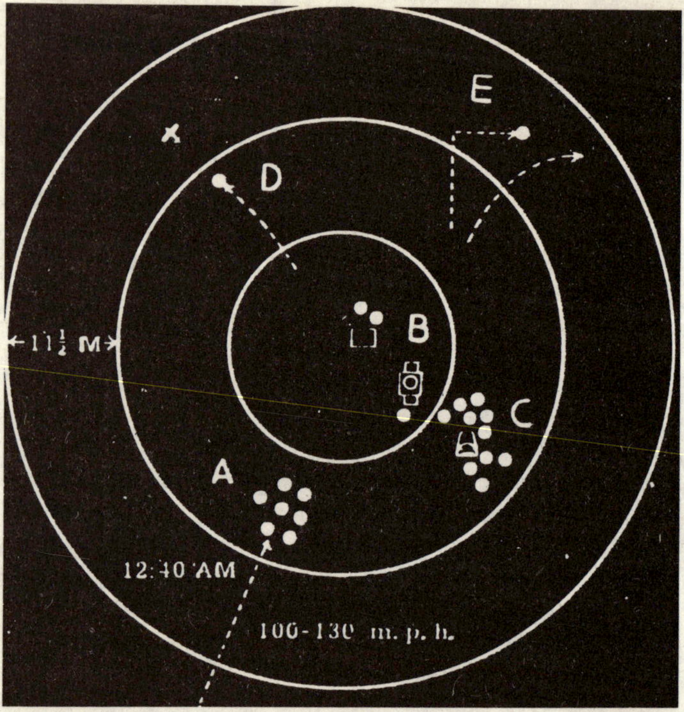

Washington, D. C., USA, 20. 7. 1952. Das Diagramm zeigt die UFO-Aktivität zwischen 23.40 Uhr und 3 Uhr, die von Radar-Beobachtern gemeldet wurde, aber nur zweifelhafte Bestätigung durch optische Beobachtung erhielt.

A – sieben Objekte nähern sich Washington vom Süden her
B – einige Objekte über der Stadtmitte von Washington
C – einige Objekte über dem Luftwaffenstützpunkt Andrews
D – ein Objekt verfolgt ein Flugzeug
E – ein Objekt vollzieht eine scharfe rechtwinklige Kursänderung
Quelle und Verläßlichkeit unbekannt.

schauen, und dabei die Venus sah, die er aber nicht erkannte und gegenüber Marano als über der Landebahn befindlich beschrieb. Den Rest schreibt er einer Kollektivsuggestion zu. – Marano, der auf ein merkwürdiges Licht hingewiesen wurde, sah natürlich auch eines und bildete sich die abrupten Bewegungen und die hohe Geschwindigkeit ein. All die anderen Zeugen sollen ebenfalls der Kollektivsuggestion erlegen sein.[110, 111] Der Leser muß selbst entscheiden, ob Monneries Erklärung glaubhafter ist als die Ereignisse, wie sie berichtet wurden.
Es steht fest, daß Radar für Fehlinterpretationen besonders anfällig ist. Aber wie auch die anderen physikalischen Wirkungen, die wir in diesem Kapitel erwähnt haben, kann Radar die optischen Beobachtungen nachdrücklich bestätigen.

Photos

Es existieren Zehntausende von Photos angeblicher UfOs, aber nicht ein einziges zeigt eindeutig ein UFO, klar, scharf und in seinem Verhältnis zum Erdboden, zu Gebäuden oder einem anderen Bezugspunkt. Solch ein Photo wäre, abgesehen von dem Zugang zu einem wirklichen UFO, der beste Beweis für deren Existenz. Das erklärt, warum so viele Fälscher ihre Ware der Öffentlichkeit andrehen konnten.
In den frühen Tagen der UFO-Ära wurde ihre Mühe reichlich belohnt. Eine aufgeregte Öffentlichkeit akzeptierte viele Photos als echt, die später als Fälschungen entlarvt wurden. Als die Öffentlichkeit ruhiger und die Analysetechniken feiner wurden, wurde es für einen Fälscher immer schwieriger, ein Photo herzustellen, das einer Untersuchung standhielt.
Was die Photos angeht, die der Untersuchung standhielten, so lieferten sie meist nur wenig Informationen. In einer

Zeit, in der in den entwickelteren Ländern fast jeder eine Kamera besitzt, ist es an sich schon phänomenal, daß die Anzahl guter Photos im Vergleich zu den beobachteten UFOs so gering ist. Manche UFO-Forscher haben deshalb den Verdacht geäußert, daß die UFOs absichtlich verhindern, photographiert zu werden. Außerdem hat man den Eindruck, daß die Umstände, unter denen ein Photo aufgenommen wurde, umso zweifelhafter sind, je besser es ist. Die berühmten Photos von Paul Villa, die gestochen scharf und klar eine fliegende Untertasse zeigen, in Bodennähe und brillanten Farben, wurde von Villa allein aufgenommen. Villa konnte nicht die geringste Spur eines weiteren Beweises liefern. Adamskis Photos von Erkundungsfahrzeugen und Mutterschiffen werden durch die Widersprüche in seinen Berichten völlig unglaubwürdig. Bei der sensationellen Photoserie, die in San Juan de Valderes am Rand von Madrid im Juni 1967 aufgenommen wurde, war es genau umgekehrt. Die Analyse hat gezeigt, daß die Photos höchstwahrscheinlich gefälscht sind, und das hat den Wert einer Beobachtung zerstört, die sonst als sehr beeindrukkend gegolten hätte.[41, 137]
Der übliche Grund, einem Photo nicht zu trauen, ist jedoch, daß es nicht genügend aussagt, um uns davon zu überzeugen, daß es sich um ein UFO und um nichts anderes handelt. Als ich einmal eine Insel vor der walisischen Küste photographiert hatte, von der man behauptete, sie sei ein Stützpunkt für fliegende Untertassen, stellte ich auf dem Abzug ein merkwürdiges Objekt fest. Der gesunde Menschenverstand sagte mir, daß es sich um eine von der Seite photographierte Möwe handelte, aber sie sah einer fliegenden Untertasse mindestens genauso ähnlich wie eine Menge vorgeblicher UFO-Aufnahmen. Ich bin sicher, ich hätte einige Leute davon überzeugen können, daß ich ein UFO dokumentiert hatte, das zu seiner geheimen Basis zurückkehrte!
Aber trotzdem gibt es einige Photos, die meßbare Informa-

McMinnville, Oregon, USA, 11.5.1950 (Fall 26). Photo des Augenzeugen.

tionen liefern und die einer Analyse standhalten konnten. Keines ist vollkommen überzeugend, aber es kann eben auch keines vernünftig als etwas Bekanntes erklärt werden, weder als etwas Natürliches noch als etwas von Menschenhand Geschaffenes.

Fall 26 *McMinnville, Oregon, USA* *11.5.1950*

Als Mrs. Paul Trent, eine Hausfrau vom Land, gegen dreiviertel acht Uhr abends ihre Kaninchen fütterte, sah sie am Himmel ein merkwürdiges Objekt. »Das Objekt kam auf uns zu, und es schien ein Stückchen hochgekippt zu sein. Es war glänzend, fast silbrig, und es gab weder Geräusch noch Rauch von sich. Es machte keine Schwingbewegungen und drehte sich nicht, sondern glitt nur so dahin.« Sie rief ihren Mann, der schnell seine Kamera holte und zwei Aufnahmen machen konnte, bevor das Objekt in der Ferne verschwand.

Die Trents ließen den Film erst entwickeln, als auch die restlichen Bilder belichtet waren, und auch dann zeigten sie die Aufnahmen nur ein paar Freunden, weil sie Schwierigkeiten mit den Behörden befürchteten. Schließlich hörte ein Lokalreporter davon und fand die Negative unter einem Sofa, wo die Kinder mit ihnen spielten.[140]
Die Photos wurden vielen Analysen unterzogen, und immer wenn eine neue Analysetechnik eingeführt wird, überprüft man sie von neuem. Skeptiker haben den Bericht der Trents über die Entstehung der Photos in Zweifel gezogen, aber für alle Unstimmigkeiten wurden plausible Erklärungen gefunden. Eine Fälschung scheint durch die Tatsache ausgeschlossen, daß dazu eine komplizierte Ausrüstung und einiges Fachwissen nötig wären. Sogar das Condon Committee (siehe Kapitel 6) hielt eine Fälschung für unwahrscheinlich. Neuere Analysen durch die Ground Saucer Watch, die Kontrastverstärkung, Farbkonturierung und digitale Bildvergrößerungstechniken verwendeten, kamen zu dem Ergebnis, daß die Trents tatsächlich ein reales Objekt von 20 bis 30 Metern Durchmesser photographiert hatten, das in großer Entfernung flog. Selbst das Condon Committee gab zu, daß »das einer der wenigen UFO-Berichte ist, in denen alle der untersuchten Faktoren, geometrische, psychologische und physikalische, mit der Annahme übereinstimmen, daß ein ungewöhnliches fliegendes Objekt, silbrig, metallisch, scheibenförmig, mit einem Durchmesser von 20 bis 30 Metern und offensichtlich künstlich, in Sichtweite von zwei Augenzeugen flog«.[42]

Fall 27 *Namur, Belgien* *5. 6. 1955*

Der Briefträger M. Muyldermans bemerkte gegen halb acht Uhr abends beim Autofahren ein seltsames Objekt, das schnell, aber geräuschlos dahinflog. Er sah, wie es langsamer wurde, und wegen seiner geringen Höhe dachte er, es setze zur Landung an. Er hielt an und stieg aus dem Auto, um es besser sehen zu können. Er konnte nun erkennen, daß das Objekt scheibenförmig und von dunkelgrüner Farbe war. Das Sonnenlicht wurde von einer Kuppel auf der Oberseite zurückgeworfen, und an der Unterseite konnte er etwas sehen, das er für ein Fahrwerk hielt. Als Photograph hatte er seine Kamera bei sich und machte drei Aufnahmen. Auf der ersten stand das Objekt still. Auf der zweiten hatte es an Höhe verloren, wobei es einen weißen Kondensstreifen hinter sich gelassen hatte, durch den es nun wieder höherstieg. Auf der dritten flog es rasch davon, wobei es eine leuchtende weiße Spur hinterließ und mit einer Geschwindigkeit von etwa 500 km/h nach oben stieg, wie Muyldermans schätzte. Die ganze Beobachtung dauerte etwa 1,5 Minuten und wurde von anderen Augenzeugen bestätigt. Ein Wetterexperte stellte fest, daß der Kondensstreifen auf eine Mindesthöhe von 1500 Metern schließen läßt, und die Analyse berechnete eine Objektgröße von mindestens 12 Metern im Durchmesser.[80]

Fall 28 — *Trinidad, Brasilien* — *16. 1. 1958*

Das Forschungsschiff *Almirante Saldanha* von der brasilianischen Marine machte sich zum Auslaufen von Trinidad bereit, wo es gearbeitet hatte. Plötzlich entdeckte jemand ein sonderbares fliegendes Objekt. Neben über hundert Männern von der Mannschaft war der Photo-Journalist Almiro Barauna an Deck, und es gelang ihm, vier Aufnahmen davon zu machen. Sie zeigten einen scheibenförmigen Gegenstand mit einem breiten und flachen Saturnring. Barauna beschrieb das Objekt als dunkelgrau und offenbar von Dampf oder Nebel umgeben. Es bewegte sich wellenförmig und änderte ruckartig seine Geschwindigkeit.

Das Aufklärungs-Photolabor der brasilianischen Marine analysierte die Negative und befand sie als echt. Die Au-

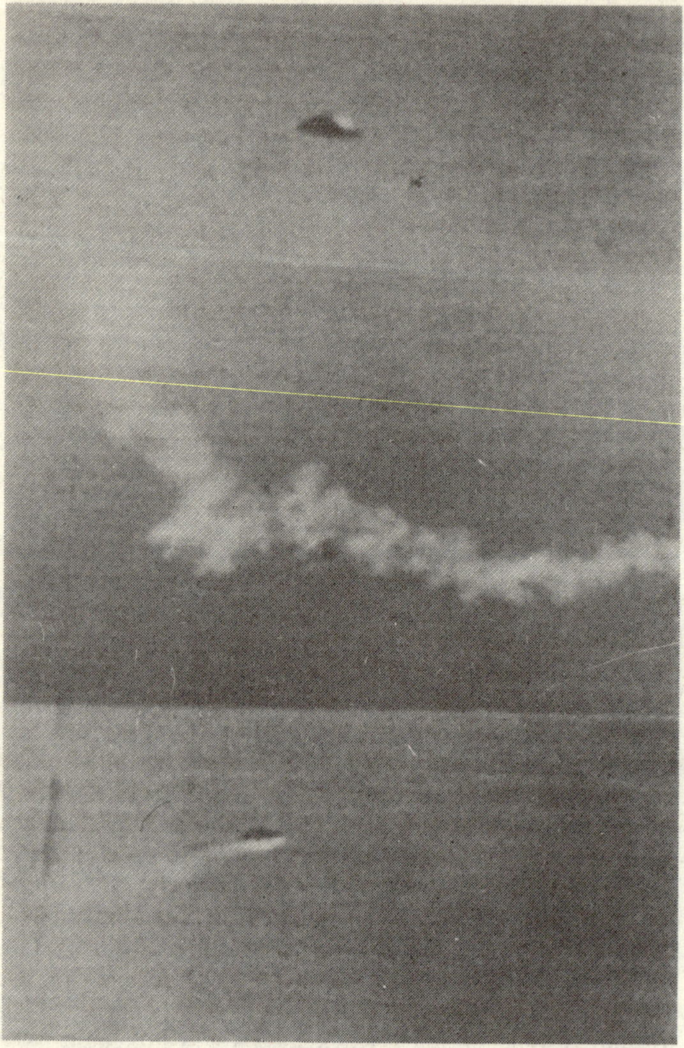

Namur, Belgien, 5. 6. 1955 (Fall 27). Photo des Augenzeugen.

Trinidad, Brasilien, 16.1.1958 (Fall 28). Photo des Augenzeugen.

genzeugen bestätigten, daß sie die Objekte zeigten, die sie gesehen hatten, und die Analysen von zwei amerikanischen Organisationen, APRO und Ground Saucer Watch, kamen zu einem positiven Ergebnis. Skeptiker wiesen darauf hin, daß Barauna ein bekannter Trickphotograph sei und daß er schon einmal gefälschte UFO-Photos hergestellt habe. Daß Aussagen vereidigter Zeugen fehlen, ist ebenfalls verdächtig. Aber trotzdem erscheint es unwahrscheinlich, daß Barauna eine Fälschung vorgelegt hätte, mit der die brasilianische Marine in die Sache hineingezogen wurde.[140]

Fall 29 *Hessdalen, Norwegen* *18. 3. 1982*

Während eines Zeitraums von einigen Monaten hatten die Bewohner eines abgelegenen Landstriches in der Nähe von Trondheim seltsame Erscheinungen in der Luft gemeldet. Ein Forscherteam von *UFO Norge* richtete in der Gegend eine Beobachtungsstation ein. Sie wurden mit dem Anblick

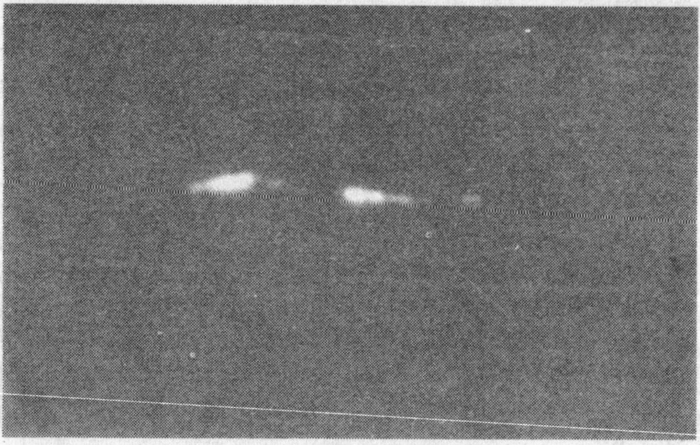

Hessdalen, Norwegen, 18. 3. 1982 (Fall 29). Photo des Augenzeugen.

einiger der Erscheinungen belohnt, darunter eines ovalen Objekts, das sich bewegte und dabei einen Kurs verfolgte, auf dem es einmal vor und einmal hinter die Hügel geriet. So konnten seine Größe, Entfernung, Flughöhe und Geschwindigkeit gemessen werden. Es wurden mehrere Photos aufgenommen, die zwar nicht viel über das Objekt selber aussagen, die aber eine schwerwiegende Bestätigung dafür geben, daß dies tatsächlich eine außergewöhnliche Erscheinung war. Alternative Erklärungen als Flugzeug oder Naturerscheinung wurden ausgeschlossen.[146]

Diese und vielleicht eine Handvoll anderer Fälle stellen im Zusammenhang mit Augenzeugenberichten wertvolles Beweismaterial dar. Unglücklicherweise ereigneten sich gerade die interessantesten UFO-Vorfälle während der Nachtstunden, und deshalb waren photographische Aufnahmen einfach nicht möglich. Bei den seltenen Gelegenheiten, bei denen Photos gemacht wurden, sind die Ergebnisse zweifelhaft. Wie bei so vielen der physischen Beweise scheint auch der Wert der Photos hauptsächlich darin zu bestehen, optische Beobachtungen zu bestätigen. In dieser Hinsicht sind die Photos von Hessdalen (Fall 29) und von Harley Rutledges »Project Investigation«[131] vermutlich die brauchbarsten.

Andere physikalische Wirkungen

Es gibt sehr viele Fälle, in denen verschiedene Arten von physikalischen Wirkungen angeblicher UFOs gemeldet wurden. Die folgende bizarre Begebenheit stellt keineswegs einen Einzelfall dar:

Fall 30

Gjersjoen-See, bei Oslo, Norwegen *11. 1. 1953*

Der Maler Trygve Jansen fuhr mit Fru Gudrun Buflod, einer Bekannten, im Auto. Plötzlich sahen sie ein sich lautlos bewegendes Objekt, das um das Auto herumflog und sie zu verfolgen schien. Als es näher kam, konnten sie sehen, daß es scheibenförmig war, gasartige »Flügel« und eine Art Cockpit auf der Oberseite hatte. Als es vor ihnen über der Straße anhielt und in etwa zehn Metern Höhe in der Schwebe blieb, wurden sie unruhig. Jansen hielt ebenfalls an. Das Objekt schien nur zwei Meter Durchmesser zu haben. Es hatte Beine und eine Kuppel. Plötzlich hob es wieder ab und verschwand mit hoher Geschwindigkeit. Die beiden Augenzeugen spürten ein Prickeln, als ob sie einer Strahlung ausgesetzt wären.
Als Jansen daheim ankam, dachte seine Frau, er hätte ein neues Auto, denn das trübe gelbliche Beige war zu einem glänzenden Grün geworden, fast wie Grünspan. Leider hatte sich die Farbe am nächsten Tag wieder zurückverwandelt, aber viele Nachbarn hatten die Veränderung bemerkt. Beide Augenzeugen fühlten sich an diesem Abend

nicht wohl. Fru Buflods Arm war gelähmt. Jansens Uhr war stehengeblieben. Eine teure Reparatur war nötig. Der Uhrmacher sagte, sie sei einem starken Magnetfeld ausgesetzt gewesen. An diesem Abend wurden in Norwegen auch andere ungewöhnliche Lichterscheinungen gesehen.[116]

Schon 1960 konnte NICAP einen Bericht über Fälle veröffentlichen, in denen mutmaßlich elektromagnetische Wirkungen aufgetreten waren.[113] Heute könnte man eine lange Liste derartiger Vorfälle zusammenstellen. Leider haben sich keine gemeinsamen Kennzeichen feststellen lassen. Manche Augenzeugen haben sich UFOs genähert, ohne Schaden zu nehmen. Andere erlitten sogar auf beträchtliche Entfernung Verbrennungen. Oft scheinen solche Wirkungen den Gesetzen der Physik zu widersprechen, wie wir später sehen werden (Fall 32). Zwar wurden häufig irgendwelche Strahlen erwähnt, sie scheinen jedoch in ihren Wirkungen völlig unterschiedlich zu sein, wenn man von den Fällen des Dr. X (Fall 18) und der Betty Cash (Fall 23) ausgeht.

Eine andere Erscheinung, die angeblich immer wieder Fahrzeuge und Menschen betrifft, ist die Teleportation. Hier einer der ersten Berichte:

Fall 31

In der Nähe von Chascomus, Argentinien *Mai 1968*

Senor »Vidal« (der Name wurde geändert) fuhr spätabends mit seiner Frau in Begleitung eines weiteren Paares in einem zweiten Auto nach Hause, als sie in dichten Nebel gerieten. Das nächste, woran sie sich erinnern konnten, war, daß sie sich tagsüber auf einer staubigen, einsamen Straße befanden. Sie stellten fest, daß sie 8000 Kilometer entfernt in Mexiko waren und daß zwei Tage vergangen waren. Sie wandten sich in der nächsten größeren Stadt an

das argentinische Konsulat. Ihr Auto wurde zur Untersuchung in die Vereinigten Staaten geschickt, und sie kehrten nach Buenos Aires zurück. Senora Vidal mußte ins Krankenhaus, weil sie unter Schock stand. Ihr Mann weigerte sich, eine andere Auskunft zu geben, als daß man ihm verboten hätte, irgendwelche Aussagen zu machen.[5]
Dieser verblüffende Bericht ist so lückenhaft, daß er überhaupt keinen Wert als Beweis hat. (Doch was ist denn mit dem Auto geschehen, das doch angeblich in die Vereinigten Staaten geschickt wurde?) Andererseits wurden bereits mehrfach ähnliche Ereignisse gemeldet. Manchmal wurden nur Leute teleportiert, manchmal sie mitsamt ihrem Auto, einmal sogar ein Zeuge mit Fahrrad! Auch wenn man sich kein Urteil über diese Erscheinungen erlaubt, ist es doch, daß so viele Leute behaupten, sie erlebt zu haben.

Fall 32
Auf der Straße A 338 zwischen Avon und Sopley, England
6. 11. 1967

Carl Farlow fuhr zwischen ein und zwei Uhr nachts mit einer Ladung Elektroherde auf seinem Diesel-Lastwagen die Straße entlang. Als er auf eine Kreuzung in der Nähe einer Brücke über den Avon zufuhr, wurden seine Scheinwerfer schwächer und gingen aus, aber der Dieselmotor lief noch. Farlow fuhr zur Seite und sah, wie sich ein großes eiförmiges Objekt langsam von rechts über die Straße bewegte. Es schwebte ungefähr so hoch über dem Boden, wie ein Telegraphenmast lang ist. Es schien ungefähr 25 Meter lang zu sein und bedeckte mehr als die gesamte Straßenbreite, als es für kurze Zeit still stand. Es war rot mit einer weißlichen Stelle an der Unterseite. Es machte ein Geräusch wie ein Kühlschrank und hinterließ einen Geruch, wie wenn man Holz bohrt. Nach kurzer Zeit bewegte es sich langsam nach links und verschwand innerhalb weniger Sekunden.

Erst jetzt bemerkte Farlow ein anderes Auto, das auf der anderen Seite der Straße stand. Es handelte sich um einen Jaguar, dessen Fahrer, ein Tierarzt, zu Farlow herüberkam und ihm sagte, sein Motor und die Scheinwerfer seien kaputt und seine Freundin sei hysterisch geworden. Er schlug vor, die Polizei zu rufen. Zum Glück war in der Nähe eine Telefonzelle, in der zwar das Licht aus war, aber das Telefon funktionierte. Die Polizei kam kurze Zeit später. Im Scheinwerferlicht der Polizeiautos konnten sie Spuren auf der Erde neben der Straße sehen, und die Straßenoberfläche sah aus, als wäre sie kurzfristig geschmolzen. Das Mädchen wurde mit einem Schock ins Krankenhaus gebracht, und die beiden Fahrer gingen mit auf die Polizeiwache zur Befragung. Anschließend wurden sie zur Polizeistation in Bournemouth gebracht, wo sie von einem Mitarbeiter des Verteidigungsministeriums verhört wurden.

Als Farlow am nächsten Tag von der Polizei zurück zum Ort des Geschehens gebracht wurde, um seine Sachen aus dem Lastwagen zu holen, sah er, wie eine Menge Leute den Ort mit Instrumenten untersuchte. Eine Planierraupe ebnete den Boden ein, und ein Mann strich die Telefonzelle neu. Während einer anderen Fahrt etwa eine Woche später sah er, daß die Straße auf einer Länge von etwa 65 Metern neu geteert worden war. Am Lastwagen war ein Schaden in Höhe von 400 Pfund entstanden. Über den Schaden an dem Jaguar ist nichts bekannt.[25]

Dieser genau geschilderte Vorfall ist reich an unbeantworteten Fragen. Vieles weist auf ein geheimes militärisches Objekt hin, aber wenn das der Fall ist, haben es die Behörden erfolgreich weitere 16 Jahre geheimgehalten! Ob von Menschenhand geschaffen oder außerirdisch, das UFO vom Avon hatte jedenfalls bemerkenswerte physikalische Wirkungen. Verwirrend daran ist, daß diese Kräfte nicht im Einklang mit den bekannten Gesetzen zu wirken scheinen. Die Scheinwerfer, ganz abgesehen vom Motor, versagen zu lassen, erfordert normalerweise Kräfte, die dabei auf jeden Fall beträchtliche äußere Schäden angerichtet hätten. Das konnte das UFO irgendwie umgehen. Während man sich vorstellen könnte, daß unsere Wissenschaftler einen »Todesstrahl« entwickeln, der auf einige Entfernung einen Automotor stoppen kann, überschreitet es die bekannten technischen Möglichkeiten, daß die Maschine danach wieder ohne Folgeschäden gestartet werden kann. Aber genau das ist in mehreren Fällen passiert, wenn man den Zeugen Glauben schenkt. Die relativ neue Entwicklung der Mikrowellen-Technik, mit der man u. a. Lebensmittel von innen heraus erwärmen kann, erinnert daran, wie wenig wir noch über energetische Kräfte wissen. Auch ohne daß man übersinnliche Kräfte wie die Psychokinese für ›real‹ hält, müssen wir in Rechnung stellen, daß es Wirkungen gibt, von denen wir noch nichts wissen. Gleichzeitig sind die Unstimmigkeiten in Berichten von solchen Wirkungen durch die Augenzeugen so groß, daß offenbar nicht nur eine einzige Ursache zugrunde liegen kann. Wir stehen vor einer Anzahl von Einzelfällen, denen anscheinend kein gemeinsames Muster zugrunde liegt.

Eine andere Wirklichkeit?

Abgesehen von den Zehntausenden optischer UFO-Beobachtungen ist das physikalische Beweismaterial enttäuschend mager. Man könnte uns mit irgendeinem primitiven Stamm vergleichen, der in einer abgelegenen Ecke der Welt lebt und von Zeit zu Zeit Autos sieht, die anscheinend ohne realen Grund vorbeifahren. Danach gibt es für ihre Existenz keinen greifbareren Beweis mehr als gelegentlich einen Reifenabdruck im Staub, irgendwelche zweifelhaften Flurschäden und ein paar nicht nachprüfbare Behauptungen von Nachbarn, sie hätten mit den Fahrern gesprochen und seien gelegentlich mitgefahren.

Für viele UFO-Forscher ist dieser Mangel an physischem Beweismaterial ein Hinweis darauf, daß die UFOs selber nicht materiell vorhanden sind. Deshalb forschen sie in einer anderen Richtung: manche auf dem Gebiet der Halluzinationen und anderen psychologischen oder sogar parapsychologischen Einflüssen, andere denken an nicht-materielle Formen, die uns von anderen Realitätsebenen besuchen. Solche Alternativen verdienen sicherlich Beachtung. Es steht außer Frage, daß, was auch immer die UFOs sind, ihre Erforschung eine neue und aufgeschlossene Haltung gegenüber der Wirklichkeit erfordert, wie sie schon seit langem in bezug auf Geister und andere paranormale Erscheinungen eingenommen wird. Aber wir haben gesehen, daß es genügend Beweise gibt, die darauf hinweisen, daß UFOs eine physikalische Dimension besitzen. Für uns, die wir in einer physikalischen Welt leben, mag das immer noch der beste Ausgangspunkt sein, obwohl wir uns irgendwann auch mit den nicht-physikalischen Dimensionen des Phänomens auseinandersetzen sollten.

4

UFO-Beobachtungen und ihre Augenzeugen

Unsere kurze Übersicht über die physikalischen Beweise für die Existenz von UFOs hat deutlich gemacht, daß das Beweismaterial immer nur so gut ist wie der Zeuge, der es liefert. Radar-Ortungen sind abhängig von dem, der das Gerät bedient, und Photos vom Photographen. Man kann sich zwar nur schwer vorstellen, daß der Lastwagen-Fahrer Farlow (Fall 32) absichtlich sein Fahrzeug beschädigt hätte, nur um eine UFO-Geschichte erzählen zu können. Aber er könnte möglicherweise eine UFO-Geschichte erfunden haben, um eine Beschädigung aus anderer Ursache zu erklären. Ähnlich schwer ist es, sich vorzustellen, warum der Waldarbeiter Taylor (Fall 4) sich so viel Mühe gemacht haben sollte, um die rätselhaften Spuren im Zusammenhang mit seiner behaupteten Beobachtung zu fälschen; dennoch hängt unsere Einschätzung der Glaubwürdigkeit der Spuren von unserer Einschätzung *seiner* Person ab.
Die große Masse der Beweise für die Existenz von UFOs hat keine derartigen materiellen Belege. Sie besteht hauptsächlich aus Augenzeugen-Berichten durch Leute, die sich nicht erklären können, was sie gesehen haben. Im allgemeinen geben sie sich alle Mühe, eine Erklärung zu finden. Eugène Coquil (Fall 2) nahm zuerst an, er sähe einen Traktor. M. Masse (Fall 6) dachte an einen Hubschrauber. Die Hills (Fall 17) betrachteten ihr UFO als Flugzeug. Erst als sich diese normalen Erklärungen als unzureichend erwiesen, begannen sie, an »eine von diesen fliegenden Untertassen« zu denken. Auch dann neigen Augenzeugen noch dazu, das UFO in ihr Glaubenssystem einzugliedern: religiöse Menschen, für die die Gegenwart von gütigen geistigen Kräften eine Grundlage der alltäglichen Religionsausübung ist, werden ihre Beobachtung in diesem

Sinne deuten. So fuhren im März 1967 eine Mutter und ihre Tochter aus Letart Falls in Kalifornien spätabends von der Kirche nach Hause, als sie auf der Straße einem bizarren Wesen begegneten, das langes Haar und weiße Flügel von etwa drei Metern Spannweite hatte. Es war eine der vielen Beobachtungen von »Mottenmenschen« mit Flügeln, die in Beziehung zu UFOs stehen. Die sehr frommen Zeuginnen nahmen an, sie sähen einen Engel, wenn nicht gar Jesus Christus persönlich.[86] Umgekehrt glaubt Betty Cash (Fall 23) heute noch, das UFO, das ihr das Gesicht verbrannte, sei von Menschen hergestellt worden und sei zweifellos ein geheimes militärisches Gerät gewesen.

Kurz, die Reaktion der Augenzeugen ist von ihrer persönlichen Haltung bedingt, die wiederum von ihrem kulturellen Hintergrund geprägt ist. Die unmittelbaren Umstände stellen einen weiteren modifizierenden Faktor dar. Es ist Sache des Forschers festzustellen, welchen Anteil solche Faktoren an einem Fall wie dem folgenden haben.

Fall 33

Langford Budville, Somerset, England — *16. 10. 1973*

Eine nicht genannte 43jährige Frau aus dem West Country fuhr gegen elf Uhr abends eine Landstraße entlang, als Motor und Scheinwerfer ihres Wagens plötzlich versagten. Sie stieg aus, um nachzuschauen, und merkte, wie etwas sie berührte. Sie drehte sich um, sah eine etwa zwei Meter große roboterartige Gestalt hinter sich und fiel sofort in Ohnmacht. Als sie wieder zu sich kam, standen sie und der Roboter neben einem Fahrzeug mit einer Kuppel, das etwa sechs Meter lang und zwölf Meter hoch war. Sie wurde gleich noch einmal ohnmächtig. Als sie das nächste Mal erwachte, lag sie nackt und gefesselt auf einem Metalltisch im Innern des Schiffes in einem farblosen Raum, dessen Wände zauberhaft schimmerten. Drei menschenähnliche

Gestalten, die knapp unter zwei Meter groß waren, nahmen eine körperliche Untersuchung an ihr vor. Dann gingen zwei der Männer weg, und der dritte mißhandelte sie sexuell. Sie hatte Angst und wollte schreien, aber sie war heiser. Sie verlor abermals die Besinnung. Als sie zu sich kam, befand sie sich wieder in ihrem Auto, und es waren drei Stunden vergangen. Sie konnte den Wagen anlassen und fuhr nach Hause. Dort erzählte sie alles ihrem Mann und rief schließlich die Polizei.[51]

Die Ähnlichkeit dieses Falles mit dem der Hills und vielen anderen kann auf verschiedene Weise gedeutet werden. Man könnte schließen, daß die Frau die Geschichte zusammenphantasiert hat, wobei sie unbewußt ihre Erinnerung an gelesene Berichte zu Hilfe nahm. Wir könnten auch annehmen, daß es sich um eine tatsächliche Erfahrung handelte, die von einer beträchtlichen Anzahl Leuten in allen Teilen der Welt ebenfalls gemacht wurde. Zieht man in Betracht, daß die Geschichte natürlich unwahrscheinlich ist, so ist man geneigt, den Bericht der Phantasie der Zeugin zuzuschreiben. In diesem Fall dürfte es nicht schwer sein, ihre unbewußten Motivationen zu erraten. Aber das heißt nicht, daß wir den Fall zu den Akten der Psychopathologie legen. Es ist in jedem Fall bedeutsam und erschreckend, daß derartige Berichte immer häufiger werden.

Fall 34 *Broadhaven, Wales* *10. 1977*

Als die Bauersfrau Mrs. Pauline Coombes mit ihrer Familie spätnachmittags auf einer Landstraße nach Hause fuhr, sah sie, wie ein Objekt über ihr Auto glitt. Sie hielt an, und sie beobachteten, wie das Objekt in den Rand einer felsigen Insel vor der Küste eintauchte, wo riesige verborgene Türen auf der Felsoberfläche sich zu öffnen schienen und die Maschine hineinließen. Sie und der Journalist, der ein

Buch über ihre Erlebnisse schrieb, nahmen das als Beweis dafür, daß UFOs die Insel als Stützpunkt benutzten.[74, 117, 47] Im Unterschied zu dem Journalisten besuchte ein Reporter der BBC die Insel und stellte fest, daß es dort keine geheime UFO-Basis gibt. Was die Augenzeugin berichtete, ist also entweder eine Erfindung oder eine Halluzination. Man könnte zu ihren Gunsten annehmen, daß sie einen Vogel oder ein Flugzeug gesehen hat, das auf die Insel zuflog, und den Rest im Kopf »fabriziert« hat. Zugegebenermaßen ist der psychologische Vorgang vielschichtig, und seine Ursachen liegen im Dunkeln. Aber es gibt genügend Literatur über Halluzinationen, die zeigt, daß derartige Dinge vorkommen können und auch tatsächlich vorkommen (siehe z. B.[20]). Erfahrene UFO-Forscher lernen, auf Einzelheiten zu achten, die auf populäre Volkssagen zurückgehen könnten. Hier muß der Bereich der Science Fiction und der Raumfahrt mit einbezogen werden, einschließlich der Begegnungen mit Außerirdischen und UFO-Stützpunkten auf küstennahen Inseln.
Unter den Voraussetzungen einer persönlichen Neigung auf seiten des Augenzeugen und einer passenden Vorlage aus den verbreiteten Volkssagen kann ein eingebildetes UFO-Erlebnis durch soziale Ansteckung hervorgerufen werden. Etwas von dieser Art spielte sicherlich auf landesweiter Ebene im Herbst 1954 in Frankreich eine Rolle, als sich mehrere Fälle wie der folgende ereigneten:

Fall 35 *Sinceny, Aisne, Frankreich* *10. 1954*

Ein Monsieur F. berichtete: »Als ich im Lichte von zwei Lampen sah, wie ein Schatten sich bewegte, dachte ich, bei mir wäre ein Marsmensch, der seine fliegende Untertasse reparierte. Ich ging mein Gewehr holen und schoß auf ihn.« Es stellte sich heraus, daß es sich um einen Nachbarn, M. Maurice R., gehandelt hatte, der in einem nahegelege-

nen Feld sein Auto reparierte. Glücklicherweise wurde durch F.s Schuß nur das Auto beschädigt.[30]
Zweifellos sollte sich im Idealfall jeder Augenzeuge einem genauen psychologischen Test unterziehen müssen, aber das ist nur in Ausnahmefällen auch durchführbar. Der Forscher muß einfach so gut es geht die verschiedenen Störfaktoren in Rechnung stellen, die mitwirken könnten, und dabei bedenken, daß der Irrtum auch aus dem Zusammenwirken mehrerer Faktoren entstehen könnte.

Fall 36 Snowflake, Arizona, USA 5.11.1975

Zwei Männer waren in einem Waldgebiet auf der Jagd. Als sie sich gegen drei Uhr morgens auf dem Heimweg befanden, sahen sie in der Ferne ein helles Licht, das über den Bäumen hervorkam und sich anscheinend vor ihnen auf der Straße niederließ. Sie hielten an, und das Objekt, das kein Geräusch von sich gab, hielt ebenfalls an. Als sie weiterfuhren, blieb es während zwei oder drei Stunden immer in derselben Entfernung, gewann aber dabei immer mehr an Höhe. Durch ein Zielfernrohr betrachtet, sah das Objekt aus, als ob es Untertassen-Form haben könnte, aber es war zu hell, um es deutlich erkennen zu können. Beunruhigt und aufgeregt kamen sie daheim an, und einer der Augenzeugen weckte seine Frau, die die Beobachtung bestätigte. Die Untersuchung ergab zweifelsfrei, daß die Jäger einfach den Planeten Venus gesehen hatten. Vielleicht waren die optischen Bedingungen außergewöhnlich irreführend, aber was sicherlich am meisten zu der Fehldeutung beitrug, war die Tatsache, daß gerade zehn Tage zuvor ein besonders sensationeller UFO-Vorfall stattgefunden hatte, nämlich die angebliche Entführung des Waldarbeiters Travis Walton, und zwar nur fünf Kilometer von der Stelle entfernt, an der die beiden gejagt hatten.[133]

Wenn solche besonderen Umstände fehlen, hat sich im großen und ganzen gezeigt, daß man den Augenzeugen in ihrem *Bericht* über das, was sie gesehen haben, vertrauen kann. Ein besonders bemerkenswertes Ereignis war folgendes.

Fall 37 Über Southampton, England 4.1979

In einem Agenturbericht aus Southampton hieß es, daß Passagiere, die berichteten, sie hätten vom Fenster ihres Flugzeuges aus einen orangefarbenen Elefanten in den Wolken fliegen sehen, nicht die Opfer einer Sinnestäuschung waren. Was sie gesehen und genau beschrieben hatten, war ein Ballon in Form eines Elefanten, der als Reklame für einen Zirkus gedient hatte. Der Ballon hatte sich losgerissen und war bis auf eine Höhe von 12000 Metern gestiegen![127]

Prädispositionen

Es wurde versucht, Gemeinsamkeiten bei UFO-Augenzeugen herauszufinden, um festzustellen, ob bestimmte Leute mit höherer Wahrscheinlichkeit UFOs sehen als andere. Insbesondere nahm man an, daß Menschen mit einer parapsychologischen Veranlagung besonders häufig UFO-Erlebnisse hätten. Eine weitere globale Annahme ist die Hypothese von der »Statusunsicherheit«, die Donald I. Warren 1970 aufgestellt hat. Nach dem Lesen einer Gallup-Untersuchung über UFO-Beobachter stellte er Zahlenmaterial zusammen, das zeigen sollte, daß Leute, die unter Unsicherheit bezüglich ihres gesellschaftlichen Status leiden – d. h. die deutlich mehr oder deutlich weniger verdienen, als das ihrem Ausbildungsniveau entspräche – eher ein UFO sehen als andere. Er schloß daraus, daß »UFOs

eine Art Flucht in noch und vielleicht für immer unbekannte Situationen bieten.«[157]
Wenn sich eine solche Folgerung als haltbar erwiese, müßten wir unsere Statistiken neu auswerten. Vielleicht ist es also ganz gut, daß kein intelligenter UFO-Forscher sich je auf eine der Statistiken verlassen würde, die uns gegenwärtig zur Verfügung stehen. Weil die Daten aus so unterschiedlichen Quellen stammen und über einen so langen Zeitraum hinweg gesammelt wurden, stehen sie in unterschiedlichen Zusammenhängen. Gesichtspunkte, auf die manche Forscher besonderen Wert legen, sind von anderen vernachlässigt worden. Andere Fälle, wie unser Fall 74, werden dadurch wertlos, daß es über sie zu wenig Daten gibt. Die meisten Fälle in UFO-Katalogen haben kaum mehr als anekdotischen Wert.
Das soll nicht heißen, daß diese Ereignisse nie stattgefunden haben. Was die Kataloge wieder zuverlässig erscheinen läßt, ist, daß die große Mehrheit der Fälle untereinander keine Unstimmigkeiten aufweist. Die mehr und die weniger gesicherten stimmen überein, ebenso die Beobachtungen durch nur einen Augenzeugen mit denen, die durch zusätzliche Zeugenaussagen gestützt werden.

Die pragmatische Haltung

Im Idealfall würde man natürlich einen UFO-Bericht erst dann akzeptieren, wenn ein umfassendes Charakterbild des Augenzeugen erstellt wäre – wenn seine psychischen Eigenarten, sein sozio-kultureller Hintergrund, seine wirtschaftliche Stellung usw. erfaßt wären. Dem sollte man noch eine Einschätzung der vorherrschenden sozialen Strömungen der Zeit hinzufügen, z. B. über wie viele UFO-Aktivitäten in den Medien berichtet wurde, verbreitete Einstellungen und ähnliches. Weil solche Perfektion aber nur in einem kleinen Bruchteil der Fälle erreichbar ist,

stellt sich die Frage, in welchem Ausmaß die Aussagen von Zeugen akzeptiert werden sollten.
Die Fälle, mit denen wir uns in diesem Kapitel schon beschäftigt haben, machen es bereits deutlich. Man muß unterscheiden zwischen der Glaubwürdigkeit des Zeugen und der Glaubwürdigkeit dessen, was er erzählt. Der folgende Fall soll das veranschaulichen.

Fall 38 *Herbrandston, Wales* *14.4.1977*

Die 13jährige Debbie Swan erzählte Forschern, sie wäre zusammen mit einer Gruppe anderer Kinder gegen halb sieben Uhr abends im Park gewesen. Weil in letzter Zeit in der Gegend viel über UFOs geredet worden sei, hätten sie sich vorgenommen, nach diesem »Weltraum-Ding« zu suchen. Aber als sie sich gerade ein kleines Stück vom Park entfernt hatten, gingen zwei von ihnen wieder zurück, weil »es langsam gruselig wurde«. Die anderen gingen weiter, krochen unter Zäunen hindurch, überquerten einen Kartoffelacker, kletterten eine Böschung hinunter, und dann »war auf dem Feld gegenüber etwas Ungewöhnliches. Ich habe vorher noch nie so etwas gesehen ... Zuerst dachte ich, meine Augen spielten mir einen Streich. Das Merkwürdigste an dem Ding war seine Farbe, leuchtend wie glühendes Silber. Es bewegte sich in alle Richtungen – nach vorn, zurück, rechts und links: wenn wir uns bewegten, bewegte es sich auch. Wir liefen zurück, so schnell wir konnten ...«[26]
Es ist noch nie vorgekommen, daß jemand, der loszog, ein UFO zu suchen, auch während der ersten fünf Minuten auf eines traf. Die meisten UFO-Forscher haben jahrelang vergeblich nach einem UFO Ausschau gehalten! Schon allein diese Überlegung hätte die Untersuchenden stutzig machen müssen. Trotzdem wurde Debbies Geschichte von allen, die die Beobachtungen erforschten, kritiklos akzep-

tiert. Mit einer etwas kritischeren Einstellung hätte man ihr geglaubt, daß sie völlig ehrlich war, aber vermutlich durch die Berichte der letzten Zeit in eine überspannte Erwartungshaltung versetzt wurde. Den Rest hat ihre Phantasie besorgt. Bestürzend an diesem Fall ist weniger Debbies Aussage als vielmehr, daß sie von angeblich sachkundigen Forschern für bare Münze genommen wurde.
Ebenfalls während dieser UFO-Welle in Wales behauptete eine Gruppe von Schulkindern, in einem Feld in der Nähe der Schule ein UFO gesehen zu haben, wo es im hellen Tageslicht und in Sichtweite mehrerer Häuser über drei Stunden lang geblieben sei. Wieder sollte schon allein diese Tatsache – die den Fall in der UFO-Literatur einzigartig machen würde – genügen, um den Verdacht der Forscher zu erregen. Aber auch hier wurde die Geschichte für bare Münze genommen, weil die Augenzeugen offensichtlich ehrlich waren.
Ehrlichkeit allein ist natürlich nicht genug. Wenn eine Frau Mitte Vierzig behauptet, von einem Außerirdischen vergewaltigt worden zu sein, wie in Fall 33, aber keinen Beweis für ihre Behauptung erbringen kann, ist sicherlich der Verdacht berechtigt, daß ihre bewußte Aussage eher einer unbewußten Furcht oder einem Wunsch entspringt als einer wirklichen Begebenheit. Dem Bericht von dem folgenden Fall könnte man etwas mehr Vertrauen schenken, sollte aber immer noch skeptisch bleiben.

Fall 39 — Blenheim, Neuseeland — 13.7.1959

Die Krankenschwester Mrs. Moreland, die auch auf der Farm ihres Mannes mitarbeitete, ging kurz vor sechs Uhr morgens zum Melken aus dem Haus und bemerkte einen grünen Schimmer am bereits leicht dämmrigen Nachthimmel. Als sie mitten auf der Koppel war, sah sie zwei große grüne Lichter aus den tiefhängenden Wolken sinken. Sie

versteckte sich unter ein paar Bäumen und sah in knapp 50 Metern Entfernung ein wie eine Untertasse geformtes Objekt mit zwei Insassen, das sich herabsenkte und etwa fünf Meter über dem Erdboden in der Schwebe blieb.[114]
Im folgenden Fall gibt es wohl keinen Grund, die Zeugenaussagen nicht so zu akzeptieren, wie sie sind.

Fall 40 *Idaho Falls, USA* *8.12.1967*

Die 15jährige Marilyn Wilding stand gegen 19.40 Uhr vor ihrer Haustür und wartete auf eine Freundin, die sie abholen wollte, als sie ein seltsames Licht am Himmel bemerkte. Als sie einen Schritt weiter auf die Straße trat, sah sie ein großes, hellerleuchtetes kreisförmiges Objekt knapp über dem Haus schweben. Während sie es beobachtete, neigte es sich, und sie konnte zwei Gestalten darin erkennen. Ihre Geschwister und einige Nachbarn bestätigten ihre Beobachtung.[114]
Dieser Fall veranschaulicht auch den Übereinstimmungs-Faktor, weil er vielen anderen Beobachtungen sehr ähnlich ist, einschließlich des Falles bei dem Krankenhaus in Cowichan (Fall 5). Die bloße Tatsache, daß ein Fall dem anderen ähnelt, besagt allerdings nichts. Übereinstimmung ist ein zweischneidiges Argument. Wenn ein Zeuge meldet, er habe etwas gesehen, das sehr ähnlich ist wie etwas, das andere gesehen haben, könnte das mehreres bedeuten:

- beide haben ähnliche Objekte gesehen;
- beide haben ähnliche Objekte halluziniert oder sich eingebildet;
  oder
- einer richtet seine Geschichte absichtlich oder unbewußt nach der des anderen aus.

Wenn zwei Zeugen unterschiedliche Objekte melden, könnte das heißen:

* jeder hat ein anderes Objekt gesehen;
* jeder hat ein anderes Objekt halluziniert oder sich eingebildet;
  oder
* einer beschreibt absichtlich ein anderes Objekt, um seine Geschichte glaubwürdiger zu machen.

Jedoch in Fällen, in denen es unwahrscheinlich ist, daß der zweite Zeuge die erste Beobachtung kennt, erhöht Übereinstimmung die Glaubwürdigkeit. Das gleiche ist der Fall, wenn Berichte durch erfahrene Piloten, Astronomen und Ingenieure sich mit denen von Hausfrauen und Arbeitern decken. Objekte, die in einem Teil der Welt gesehen werden, werden sehr wahrscheinlich auch in anderen Erdteilen gesehen.

In diesem Kapitel haben wir uns mit einigen Aspekten von UFO-Berichten befaßt, die uns zögern lassen könnten, sie einfach zu glauben. Aber nachdem man diesen Überlegungen Raum gegeben hat, ist es sicher vernünftig, davon auszugehen, daß die Mehrzahl der Zeugen nicht nur glaubt, die Wahrheit zu sagen, sondern sie auch tatsächlich sagt. Wenn manche Bilder Fälschungen sind, folgt daraus noch lange nicht, daß alle gefälscht sind. Es muß Originale geben, die man mit den Fälschungen verwechseln kann. Genauso ist es auch mit Berichten über UFOs, obwohl wir Gründe für den Verdacht haben, daß manche absichtlich gefälscht oder ehrliche Berichte über unbewußt erinnerte Berichte von Erlebnissen anderer sind. Es erscheint legitim, hier eine pragmatische Haltung einzunehmen und abzuwarten, was wir aus Augenzeugenberichten erfahren können, wenn wir sie für bare Münze nehmen, sofern wir nicht gute Gründe haben, an ihrer Verläßlichkeit zu zweifeln.

5

Optische Beweise

Das Herzstück des Beweismaterials für die Existenz von UFOs sind Augenzeugen-Berichte von Beobachtungen. Deshalb ist es wichtig, sich darüber im klaren zu sein, daß die große Mehrheit dieser Zeugen (bei denen es keine Anzeichen dafür gibt, daß sie weniger vernünftig, ehrlich und intelligent als wir alle wären) glaubte, daß sie körperlich vorhandene Objekte sah, die real und materiell waren. Diese Tatsache ist so grundlegend, daß man sie leicht übersieht. Wenn wir alternative Hypothesen bilden – z. B. das, was der Zeuge gesehen hat, sei eine psychische Projektion gewesen, die durch eine geophysikalische Erscheinung ausgelöst wurde – müssen wir triftige Gründe haben, die Aussagen des Zeugen zu ignorieren. Wie McCampbell in seiner klassischen Untersuchung betont, sollten »UFO-Berichte so lange, wie sich keine andere Hypothese als fruchtbarer erwiesen hat, als ehrliche Versuche der Leute betrachtet werden, persönliche Erfahrungen zu beschreiben, auch wenn diese noch so bizarr sein mögen.«[98] Daraus läßt sich eines mit Sicherheit ableiten: so lange, bis sich eine andere Erklärung als besser mit den Tatsachen vereinbar erwiesen hat, sollte der Erklärung durch den Augenzeugen der Vorzug gegeben werden. Natürlich weiß der Zeuge selber oft keine Erklärung. Aber die Deutung des Forschers sollte zumindest darauf abzielen, seinen Bericht sinnvoll zu machen, und nicht, ihn in ein vorgegebenes Schema hineinzupressen.

Was sind die Objekte?

Beschreibungen von UFOs gehören einer von zwei grundlegenden Kategorien an. Es gibt diejenigen, die keine andere erkennbare Form haben als die eines unförmigen »Klumpens« und die mutmaßlich irgendwelche natürlichen, aber der Wissenschaft noch unbekannten Erscheinungen sind. Und es gibt die anderen, die eine strukturierte Form besitzen und nahelegen, daß sie irgendwo von irgend jemand hergestellt worden sind.

a. UFOs als natürliche Erscheinung

Fall 41 Hebron, Maryland, USA 16. 7. 1952

Zwei Polizisten, Robert Burkhardt und sein Sergeant, waren gegen Mitternacht auf Streife. Sie fuhren eine von Bäumen gesäumte Straße entlang, als sie vor sich ein gelbes Licht sahen, das geradewegs auf ihren Streifenwagen zukam. Sie hielten es für entweder ein Motorrad oder ein Auto mit einem kaputten Scheinwerfer. Weil es direkt auf sie zukam, wichen sie an den Straßenrand aus und hielten an. Der Lichtball hielt ebenfalls an und schwebte in etwa sechs Metern Entfernung im Strahl ihrer Scheinwerfer. Burkhardt fuhr langsam vorwärts. In dem Moment bewegte sich das Licht rückwärts. Als er unterschiedliche Geschwindigkeiten ausprobierte, hielt das Licht immer denselben Abstand zum Streifenwagen. Schließlich schoß das Licht plötzlich davon und verschwand. Die Erscheinung wiederholte sich noch bei verschiedenen anderen Gelegenheiten und wurde von mehreren anderen Zeugen ebenfalls beobachtet.[75]

Man hatte keine geformte Gestalt gesehen, nichts von dem, was man sich gemeinhin unter einem UFO vorstellt. Von seinem Aussehen her hatte die Erscheinung eher Ähnlichkeit mit dem Irrlicht aus volkstümlichen Erzählungen oder den verschiedenen »Spuklichtern«, über die aus verschiedenen Teilen der Welt berichtet wurde. Natürlich ist man versucht, die Erscheinung auf natürliche Ursachen, wie z. B. entweichendes Gas, zurückzuführen. Aber wie ist das mit ihrem anscheinend intelligenten Verhalten zu vereinbaren?

Fall 42 *New Jersey, USA* *25. 9. 1965*

Der Schriftsteller und Biologe Ivan Sanderson war nach Sonnenuntergang mit einem Kollegen im Auto unterwegs, als sie rechts der Venus in geringer Höhe am klaren Himmel ein rotes Licht sahen, das viel heller war als der Planet. Es wurde heller und dunkler, ja es blinkte richtiggehend. Während sie es beobachteten, teilte es sich in zwei Hälften, die sich in entgegengesetzte Richtungen bewegten. Beide waren rot und blinkten etwa zweimal pro Sekunde. Die eine verschwand hinter den Bäumen. Die andere führte mit einer Geschwindigkeit, die die Beobachter auf viele tausend km/h schätzten, eine Reihe von Bewegungen aus, darunter abrupte eckige Richtungswechsel.[34]
Das ist eine klassische »Lichter-am-Himmel«-Beobachtung, die durch den Umstand bemerkenswert wird, daß der Beobachter ein bekannter Biologe mit einem besonderen Interesse an ungewöhnlichen Erscheinungen ist. Als Biologe war sich Sanderson der unendlichen Vielfalt der Natur bewußt, und er sah es durchaus für möglich an, daß viele UFOs zu intelligenten Lebensformen gehören.
Solche Spekulationen gibt es seit den frühesten Tagen der UFO-Ära. 1947, im Jahr von Kenneth Arnolds Beobachtung, versuchte John Philip Bessor die amerikanische Luftwaffe davon zu überzeugen, daß fliegende Untertassen »verschiedene Arten von außerirdischen, stark gedämpften Lebensformen sind oder Fahrzeuge, die mit telekinetischer

Energie oder reiner Willens- oder Gedankenkraft betrieben werden. Wahrscheinlich stammen sie aus der Ionosphäre und werden in regelmäßigen Abständen von solaren oder kosmischen Störungen gezwungen, sich in dichtere atmosphärische Schichten zu begeben. Sie können im Flug ihre Form ändern und sind ungefähr so intelligent wie Kraken, Delphine oder Schimpansen.«[15]

Fall 43 Mojave-Wüste, Kalifornien, USA 25. 8. 1957

Der Neuseeländer Trevor James Constable konnte mit Infrarot-Film eine Anzahl Photos machen, die formlose Klumpen in der unteren Schicht der Atmosphäre zeigten. Er identifizierte sie als natürliche Wesen, die unseren Luftraum bewohnen, aber normalerweise unsichtbar sind.[38]
Constables Leistung konnte nicht mit zufriedenstellendem Ergebnis wiederholt werden, und deshalb hat sie nur sehr wenig Beweiskraft. Aber man muß sich erinnern, daß wir von einer großen Anzahl von Fällen wissen, in denen die Erscheinung nur als unförmiger Lichtklumpen beschrieben wird, an dem nichts auf eine künstliche Struktur hinweist, der sich aber auf eine Art bewegt, die auf intelligente Steuerung schließen läßt. Die Phantom-Jäger (Flugzeuge) aus dem zweiten Weltkrieg (Fall 9) sind ein Beispiel.
Während manche Theoretiker an einer Erklärung als etwas Organisches festhalten, die auf die Ähnlichkeit dieser Lichter z. B. mit denen hinweisen, die man kurz vor einem Erdbeben beobachten kann, suchen andere Forscher nach einer Art Plasma, das durch geophysikalische Kräfte entstanden sein soll. Eine andere Möglichkeit ist die einer meteorologischen Erscheinung. Etwas einem Kugelblitz Ähnliches wurde angenommen,[91] und auch Stuart Campbell, der den Fall von Livingston (Fall 4) untersuchte, vermutete, daß bei diesem Ereignis eine Art Kugelblitz beteiligt war.

Kaum ein UFO-Forscher würde behaupten, daß solche Erklärungen das gesamte Spektrum der UFO-Beobachtungen abdecken könnten. Aber wenn es gelänge zu zeigen, daß sie für einen Teil zutreffen, wäre es einfacher, nach einer Erklärung für den Rest zu suchen.

b. UFOs als gestaltete künstliche Produkte

Die meisten Leute, die berichten, sie hätten UFOs gesehen, von einfachen Lichtern und Klumpen einmal abgesehen, beschreiben sie als auf irgendeine Weise gestaltet. Sie sehen aus, als wären sie *gebaut* worden – was natürlich einen Erbauer voraussetzt.
Es ist kaum übertrieben zu sagen, daß UFOs buchstäblich aller Formen und Größen gesehen wurden. Von Zeit zu Zeit haben Schwärmer versucht, Listen der verschiedenen Typen zusammenzustellen, aber schon allein die Vielfalt der Formen ließ sie scheitern. Zudem birgt so ein Versuch immer die Gefahr in sich, daß ein unbequemes Detail »übersehen« wird, damit das Objekt in eine der Kategorien paßt. Es kommt der Wahrheit näher, wenn man sagt, daß man überhaupt nie mit Sicherheit feststellen kann, daß ein UFO einem anderen völlig gleicht. Das ist an sich schon eine auffällige Tatsache, die von Zweiflern und denjenigen begierig aufgegriffen wurde, die für eine nicht-physikalische Erklärung sind. Aber wenn man sagt, daß UFOs zu vielgestaltig sind, um ›real‹ zu sein, geht man von falschen Voraussetzungen aus. Die Vielfalt von Automodellen auf der Erde könnte einem fremden Besucher ähnlich rätselhaft erscheinen. Falls sich herausstellen sollte, daß UFOs außerirdischen Ursprungs sind, wäre es voreilig von uns, Urteile zu fällen, die von der menschlichen Logik ausgehen.
Trotz der Vielfalt tauchen jedenfalls einige Typen immer wieder auf. Scheibenförmige Objekte sind wahrscheinlich

die häufigsten. Es gibt große und kleine Scheiben, glatte oder solche mit Aufbau. Manchmal haben sie einen sich drehenden Ring, oft sind sie beleuchtet, und das hat den Ingenieuren Auftrieb gegeben, die sich und uns damit erfreuen, daß sie über die möglichen Antriebsarten spekulieren. Folgender Fall berichtet von der Beobachtung einer Scheibe, die besonders beeindruckende Bestätigung erfahren hat.

Fall 44 Exeter, New Hampshire, USA 3.9.1965

Der 18jährige Norman Muscarello trampte kurz nach Mitternacht nach Hause, aber weil so wenig Verkehr war, mußte er das letzte Stück zu Fuß gehen. Als er sich Exeter näherte, sah er über einem Feld zwischen zwei Häusern ein »Ding« von ungefähr 30 Metern Durchmesser mit hellen pulsierenden roten Lichtern rund um etwas, das wie eine Felge aussah. Es schwankte, während es lautlos auf ihn zuglitt. Als er fürchtete, daß er gleich getroffen würde, warf er sich in den flachen Straßengraben. Das Objekt zog sich dann langsam zurück, und Muscarello lief zu einem der Häuser. Er hämmerte an die Tür, aber es machte ihm keiner auf. Schließlich nahm ihn jemand mit nach Exeter, wo er sein Erlebnis in einem Zustand äußerster Verstörung auf der Polizeiwache meldete. Während die Polizisten noch unschlüssig waren, was sie von seiner Geschichte halten sollten, erfuhren sie von einem Streifenpolizisten, daß er eine Frau in ihrem Auto gefunden hatte, die völlig durcheinander war, weil sie etwas ganz Ähnliches gesehen hatte. Ein Polizeioffizier ging mit Muscarello zum Ort des Geschehens zurück, und er konnte das Objekt so klar erkennen, daß er die Beobachtung insgesamt bestätigen konnte. Eine weitere Streife, die das Objekt zwar gesehen hatte, aber nicht so deutlich, konnte sie teilweise bestätigen.[60]
Hornförmig, glockenförmig, zigarrenförmig – diese Be-

schreibungen der Gestalt sind häufig. Man sollte auch noch ein anderes immer wiederkehrendes Muster erwähnen, das zum ersten Mal von Adamski[2] beschrieben wurde und das andere wiederholten. Angeblich deckt es die Existenz von zwei Grundtypen von Raumschiffen auf. Die interstellare Art, allgemein als »Mutterschiff« bekannt, und eine kleinere Fahrzeugart, die sich taktisch innerhalb der Atmosphäre bewegt und »Aufklärer« genannt wird. Hier eine gut bestätigte Beobachtung.

Fall 45 *Vernon, Frankreich* *22.–23. 8. 1954*

Der Geschäftsmann M. Miserey kehrte nach Mitternacht heim und stellte gerade sein Auto ab, als er das Gefühl von etwas Unbekanntem hatte. Er bemerkte, daß die Stadt, die einen Augenblick vorher noch völlig dunkel gewesen war, von bleichem Licht übergossen war. Als er nach oben schaute, sah er ein riesiges, zigarrenförmiges Objekt, das senkrecht ungefähr 300 Meter über dem Nordufer des Flusses schwebte. Als er es eine Weile angestarrt hatte, sah er, wie sich ein kleineres Objekt von ihm ablöste: Es handelte sich um eine waagrecht liegende Scheibe, die zunächst im freien Fall zu stürzen schien, dann plötzlich abrupt bremste und auf ihn zuflog, wobei sie sehr hell wurde. Sie verschwand mit hoher Geschwindigkeit hinter ihm. Einige Minuten später sah er ein zweites ähnliches Objekt sich vom unteren Ende der »Zigarre« lösen, worauf es das gleiche tat wie das erste Objekt. Dann folgten ein drittes und viertes Objekt. Schließlich, nach einer Pause, fiel ein fünftes Objekt tiefer als die anderen, berührte fast die Brücke und blieb eine Weile schwankend in der Schwebe, so daß M. Miserey seine runde Gestalt und eine rote Helligkeit erkennen konnte, die in der Mitte intensiver als am Rand war, sowie den es umgebenden Ring. Nach wenigen Sekunden flog auch diese Scheibe davon, allerdings in die entgegengesetzte Richtung wie die anderen. Währenddessen verlor die »Zigarre«, deren Länge er auf 100 Meter schätzte, an Leuchtkraft und verlor sich in der Dunkelheit. Insgesamt dauerte die Beobachtung etwa 45 Minuten. Am folgenden Tag benachrichtigte M. Miserey die Polizei und erfuhr, daß die Beobachtung von zwei Polizisten in einem Streifenwagen und von dem Ingenieur M. Millet ebenfalls gemacht worden war.[64]

Dieser Fall ist keineswegs einmalig. Am 17. September 1966 beobachteten Mr. und Mrs. Rogers aus Ipswich in Massachusetts ein fast identisches Geschehen mit dem Unterschied, daß sie sahen, wie die kleineren Objekte mehrmals das große verließen und wieder zurückkehrten.[57] Ein anderer Mutterschiff-und-Aufklärer-Fall stellt uns vor ein besonderes Rätsel.

Fall 46 Palomar Gardens, Kalifornien, USA 13.12.1952

George Adamski, der einen Monat zuvor in der Wüste mit einem Venusianer zusammengetroffen war (Fall 12), erhielt von diesem in seinem Aufklärer einen Gegenbesuch. Adamski hatte Zeit, mit der Kamera, die er mit seinem Fernrohr verbunden hatte, einige Photos zu machen, während das Schiff in einer Höhe von 100 bis 150 Metern über dem Tal schwebte. Dann flog es davon, war aber auch von anderen Augenzeugen gesehen und photographiert worden, die Adamski in Erwartung des Besuchs vorher benachrichtigt hatte.[95]

Später, als er von seinen Kontaktleuten auf eine Weltraum-Reise mitgenommen wurde, konnte Adamski auch das »Mutterschiff« photographieren. Natürlich ist seine Geschichte unwahrscheinlich, sein Bericht enthält viele Übertreibungen, Unwahrheiten und faktische Irrtümer. Die meisten UFO-Forscher zögern deshalb, seinen Erzählungen zu glauben, obwohl er immer noch viele treue Anhän-

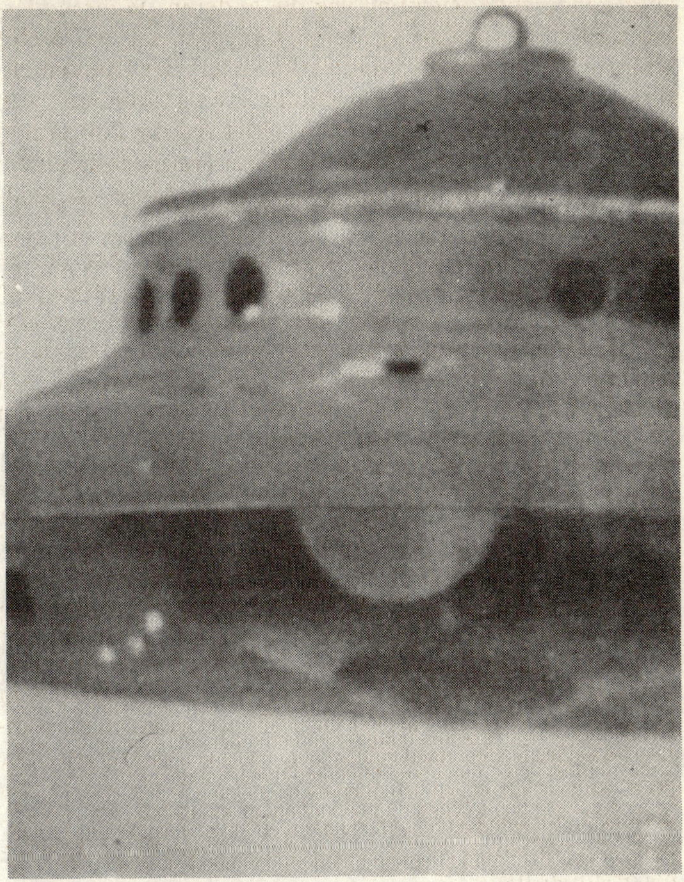

Palomar Gardens, Kalifornien, USA, 13.12.1952 (Fall 46). Photo des Augenzeugen.

ger hat. Was seine Jünger bestätigt und seine Kritiker entmutigt, ist eine Episode wie die folgende.

Fall 47 *Coniston, England* *15.2.1954*

Eines Morgens stieg der 13jährige Stephen Darbishire zusammen mit seinem achtjährigen Vetter Adrian auf den Hügel hinter dem Haus seiner Eltern, um Vögel zu photographieren. Gegen elf Uhr machte ihn Adrian auf ein seltsames Objekt am Himmel aufmerksam, das Stephen photographierte. Er dachte, seine Kamera wäre auf »unendlich« eingestellt, aber das war nicht der Fall; deshalb wurden die Bilder unscharf. Trotzdem zeigten sie, was er gesehen zu haben behauptete, »ein festes metallartiges Ding mit einer Kuppel, Bullaugen und unten drei Höckern oder Landestützen.« Stephens Vater war skeptisch, aber er ließ seinen Sohn sein Erlebnis aufschreiben. Der Film wurde ins Dorf zu einem Mann mit einem Photostudio gebracht, der anrief und sagte: »Es ist etwas drauf, und das sieht aus wie eine fliegende Untertasse.« Tatsächlich wurde von dem UFO-Forscher Leonard Cramp nachgewiesen, daß das von Stephen photographierte Objekt mit dem Aufklärer, den Adamski aufgenommen hatte, identisch ist.[40]
Desmond Leslie zufolge, dessen Buch *Flying Saucers Have Landed*[95] den ersten Bericht über Adamskis Erlebnisse enthält, wurden Adamskis Negative von dem Hollywood-Fachmann für Trickphotographie Pev Marley überprüft. Er erklärte, falls es sich um Fälschungen handeln sollte, dann seien sie die besten, die er je gesehen habe. Ein Fabrikant von Modellflugzeugen war überzeugt, daß es sich nicht um Photos von Modellen handelte, sondern um Objekte mit zehn Metern Durchmesser.
Es wurde mehrfach behauptet, daß Adamski in Wirklichkeit ein irdisches Objekt zum Motiv hatte: ein Brutgerät ist die beliebteste Erklärung. Aber bis jetzt konnte noch nie-

Coniston, England, 15. 2. 1954 (Fall 47). Photo des Augenzeugen.

mand ein Brutgerät vorzeigen, das seinen Photos genau entspricht. Das sollte das mindeste sein, was getan werden muß, um seine Photos wertlos zu machen. Ähnlich müssen auch die Photos von Darbishire erst noch als gefälscht entlarvt werden.

Es gibt also zwei Photoserien, die beide verdächtig unscharf sind, beide von (praktisch) isolierten Einzelgängern aufgenommen wurden, ohne irgendwelches unterstützendes Beweismaterial, und die dennoch dasselbe Objekt zeigen. Wenn man annimmt, daß Adamski tatsächlich ein Brutgerät verwendete, wie kam dann der 13jährige Stephen in England zu einem identischen Objekt, und wie photographierte er es so, daß es der Analyse standhielt?

Die Unsicherheit wird noch größer, denn das Photo von Darbishire ist keineswegs das einzige Doppel der Adamski-Bilder. Am 19. 10. 1973 photographierte Hugo Vega in Peru ein ähnliches Objekt, ebenso W. D. Hall in Australien im gleichen Jahr wie Darbishire.[93]

Wenn wir sicher wüßten, daß keiner, oder einer, oder manche, oder gar alle dieser Augenzeugen die Bilder ge-

fälscht hätten, wäre das ein großer Schritt zur Lösung des UFO-Geheimnisses.
Zwar kann man die Tatsache, daß Augenzeugen häufig ähnliche Objekte melden, als Bestätigung ansehen, aber genausogut kann man das als Hinweis auf eine Nachahmung nehmen. So ist es manchmal paradoxerweise überzeugender, wenn sich die Berichte unterscheiden, und bei Tausenden von Berichten gibt es dazu mit Sicherheit genügend Spielraum.

Fall 48 *Menton, Frankreich* *Januar 1964*

Ein Wissenschaftler im Ruhestand sah und berührte eine metallische Scheibe, die sehr dünn war und ohne Naht in eine kugelförmige Kuppel überging. Das Unterteil war eine Art flache Schüssel.[97]

Fall 49 *Laborie, Frankreich* *20. 11. 1979*

M. und Mme. Michelet sahen am Nachthimmel ein diamantenförmiges Objekt mit einem Licht an jeder Ecke. Drei der Lichter waren rot und eines orange, aber die roten Lichter wurden der Reihe nach im Uhrzeigersinn orange. Die Augenzeugen konnten nichts außer den Lichtern sehen, die untereinander fest verbunden zu sein schienen und vermutlich Teil eines Ganzen waren.[97]

Fall 50 *Trans-en-Provence, Frankreich* *8. 1. 1981*

M. Nicolai sah eine flache Scheibe, wie ein flacher Suppenteller, der umgekehrt auf einem anderen liegt, auf vier kurzen Beinen am Boden stehen; sie hinterließen Abdrücke.[97]

Fall 51 *Seignes, Frankreich* *24.10.1978*

Ein Autofahrer traf auf ein kugelförmiges Gebilde von etwa vier Metern Durchmesser, das vor ihm über der Straße schwebte. Es war erleuchtet und drehte sich im Gegenuhrzeigersinn, während sich ein »Infrarotband« in der Mitte im Uhrzeigersinn drehte.[97]

Fall 52 *Sturno, Italien* *31.8.1977*

Sieben Zeugen sahen einen senkrechten Zylinder auf dem Erdboden, der abwechselnd leuchtende und dunkle Streifen sowie auf der Oberseite eine Kuppel hatte. Sie sahen bei dem Objekt auch ein Wesen.[56]

Fall 53 *Monreal del Campo, Spanien* *9.3.1969*

Die Medizinstudenten Sr. und Sra. Mira fuhren von Valencia nach Saragosa, als sie in etwa zwei Kilometern Entfernung ein Objekt sahen, das einem abgeflachten Ei ähnelte, und neben dem eine kleinere weiße Kugel dahinglitt. Das »Ei« hatte in der Mitte sechs leuchtende Punkte, die verschiedene Blitze aussandten, als es senkrecht landete. Später sahen die Augenzeugen dasselbe oder ein ähnliches Objekt im Flug.[7]

Fall 54 *Kanarische Inseln* *22.6.1976*

Ein UFO wurde mehrfach beobachtet, als es sich von Fuerteventura über Gran Canaria auf Teneriffa zubewegte. Es wurde zuerst als Lichtball gesehen, der dann einen Strahl aussandte. Es legte die Entfernung von einer Insel zur anderen mit einer Geschwindigkeit von über 3000 km/h

Kanarische Inseln, 22. 6. 1976 (Fall 54). Künstlerische Darstellung.

zurück. Auf Gran Canaria sah ein Arzt, der mit drei weiteren Personen im Taxi unterwegs zu einem Patienten war, in einer Entfernung von etwa 50 Metern einen gigantischen Ball von elektrisch blauer Farbe, der etwa zwei Meter über dem Erdboden stillstand. Sie beobachteten ihn fast 20 Minuten lang und sahen zwei sehr große Wesen in einer Kugel, die wie eine riesige Seifenblase aussah und einen Durchmesser von der Größe eines zweistöckigen Hauses hatte. Als der Taxifahrer seinen Suchscheinwerfer auf das Objekt richtete, stieg es höher und vergrößerte sich, aber die Wesen und die Gegenstände innerhalb des Fahrzeugs behielten ihre Größe bei. Schließlich hatte es die Größe eines Hauses mit 20 Stockwerken. Die Zeugen flohen zu einem nahegelegenen Haus, beobachteten aber von einem Fenster aus weiter. Plötzlich gab das Objekt einen hohen Pfeifton von sich und schoß in Richtung Teneriffa davon. Während es davonflog, wurde es spindelförmig und umgab sich mit einem leuchtenden weißen Ring. Viele andere Augenzeugen sahen das Objekt, das auch mit Radar geor-

tet und photographiert wurde. Die Photos zeigen aber nur ein geheimnisvolles leuchtendes Objekt.[12]
Solche Fälle könnte man fast endlos aufführen. Doch zusammen mit den anderen, auf die in diesem Buch Bezug genommen wird, belegen sie mit Sicherheit, daß Augenzeugen eine außerordentliche Vielfalt von Objekten beobachten, von denen man kaum etwas sagen kann, außer daß sie Anhaltspunkte dafür bieten, daß sie konstruiert und gebaut worden sind und bis zu einem gewissen Grad intelligentes Verhalten zeigen. Offensichtlich ist diese Formenvielfalt nicht zufällig, sondern irgendwie bedeutsam. Die Bedeutung entzieht sich jedoch noch immer der rationalen Analyse. Einige der Formen, wie die in Fall 48, ergeben vom aerodynamischen Standpunkt aus einen Sinn. Andere, wie die in Fall 52, ergeben keinerlei Sinn. Manche der Merkmale, wie die Lande-»Beine« von Fall 50, kann man verstehen, während andere, wie die blitzenden farbigen Lichter aus Fall 49, völlig sinnlos erscheinen. Vor allem die Fähigkeit der Objekte, sich zu teilen und wieder zusammenzufügen, wie in Fall 45, und ihre Form und Größe zu ändern, wie in den Fällen 54 und 58, scheint den Gesetzen der Physik, wie man sie heute kennt, zu widersprechen.

Was machen UFOs?

Fall 55 *Mt. Rainier, Washington, USA* *24. 6. 1947*

Kenneth Arnold, ein erfahrener Pilot, flog in seinem Privatflugzeug über gebirgiges Gebiet, als gegen drei Uhr nachmittags ein heller Blitz seine Aufmerksamkeit auf neun fliegende Objekte lenkte, die sich schnell dem Mount Rainier näherten. Sie flogen wie getrennte Objekte in dichter Formation, und sie glitten durch die Luft »wie fliegende

Untertassen«, sagte Arnold. Die Geschwindigkeit der Objekte schätzte er auf über 2500 km/h. Sogar wenn er sie grob überschätzt haben sollte, war das immer noch viel schneller, als irgendein Flugzeug damals fliegen konnte.[6] Das war die Beobachtung, die in die Schlagzeilen der Weltpresse gelangte und damit das heutige UFO-Zeitalter einleitete. Von Anfang an beeindruckten vor allem die hohen Geschwindigkeiten, die UFOs erreichen konnten, die Öffentlichkeit am meisten. Andere Aspekte ihres Verhaltens konnten auf verschiedene Weise gedeutet werden, aber Geschwindigkeit ist absolut und meßbar. Wenn ein Objekt schneller fliegt als alles, was dem Menschen bekannt ist, steht seine Fremdartigkeit außer Zweifel. In der Nachkriegssituation von 1947 war die Vorstellung, daß etwas existierte, das so schnell fliegen konnte, für die amerikanischen Behörden beängstigend, weil sie natürlich befürchteten, daß ihnen die Russen mit einer Erfindung zuvorgekommen wären. Aber man erkannte bald, daß noch mehr an den UFOs erstaunlich war als nur ihre Geschwindigkeit, wie z. B. ihre Fähigkeit, aus dem Stand zu beschleunigen:

Fall 56 Silver City, New Mexico, USA Mitte Oktober 1951

Um halb elf Uhr morgens sah der Minen-Ingenieur Alford Roos von seiner Ranch aus, wie zwei linsenförmige UFOs manövrierten und sich dabei auf verschiedene Weise bewegten und schwebten. Er sah sie einmal »in einem Augenblick von fast null auf etwa 800 km/h« beschleunigen. Wie er betonte, könnte wegen des Trägheitsschocks kein Mensch eine so hohe Beschleunigung überleben. Mehrere andere Zeugen bestätigten seine Aussage.[73]
Abrupte Manöver waren eine weitere Spezialität:

Fall 57 Lincoln, Nebraska, USA 6. 10. 1959

Ein Colonel berichtete, wie er, seine Frau und sein Sohn ein leuchtendes kugelförmiges Objekt am Nachthimmel herumflitzen sahen. Es bewegte sich mit einer Geschwindigkeit, die den Augenzeugen viel höher als die eines Düsenflugzeugs erschien, und vollzog mehrere abrupte Richtungsänderungen, darunter zwei Wendungen um 90 Grad. Nach etwa zwei Minuten verloren sie es aus den Augen.[116] Obwohl man damals allgemein glaubte, daß die UFOs die Raumschiffe von irgend jemandem, vielleicht von Außerirdischen, seien, war es die offenkundige Unmöglichkeit solcher Manöver, die die nachdenklicheren unter den UFO-Forschern nach anderen Möglichkeiten suchen ließ. Bestärkt wurden sie darin durch Fälle von Formveränderungen.

Fall 58 Über Labrador, Kanada 29. 6. 1954

James Howard war der Kapitän einer BOAC Stratocruiser auf der Strecke von New York nach London. Er war nach dem Abflug von New York für eine Weile von der Bodenstation von seinem normalen Kurs ferngehalten worden (ihm wurde keine Begründung gegeben). Es weist zwar nichts darauf hin, daß ein Zusammenhang mit seiner folgenden Beobachtung besteht, aber man sollte diese Möglichkeit in Betracht ziehen. Etwa drei Stunden nach dem Start in New York wurden er und seine Besatzung auf eine Gruppe von UFOs aufmerksam, die das Flugzeug zu begleiten schien, wobei sie immer eine Entfernung von etwa fünf Kilometern einhielten. Es handelte sich um sieben Objekte, ein großes und sechs kleinere. Sie flogen zwar gemeinsam, aber ihre Formation veränderte sich. Manchmal flogen drei kleinere vor dem größeren Objekt her, dann wieder vier usw. Sie flogen natürlich mit der gleichen

Geschwindigkeit wie das Flugzeug, ungefähr 600 km/h. Ihre Flughöhe war zunächst niedriger, später gleich. Die Objekte begleiteten das Flugzeug etwa 20 Minuten lang und wurden während dieser Zeit von der gesamten Besatzung und mehreren Passagieren gesehen. Die Flugkörper waren grau, undurchsichtig, eckig und hatten keine Lichter. Das große Objekt änderte ständig seine Gestalt, manchmal erschien es deutlich geformt, wie ein Flugzeug, dann wieder ganz formlos.[56]

Dieser Fall war unter denen, die 1966 vom Condon Committee, auf dessen Arbeit wir im nächsten Kapitel genauer eingehen werden, zur Untersuchung ausgewählt wurden. Verblüfft von diesem Ereignis, und mit ironischem Beiklang, schloß der Bericht mit den bemerkenswerten Worten: »Diese ungewöhnliche Beobachtung sollte also in die Kategorie von Erscheinungen eingeordnet werden, die mit ziemlicher Sicherheit natürlichen Ursprungs sind, die aber so selten vorkommen, daß sie offenbar weder davor noch danach je gemeldet wurden.«[37]

Eine Formveränderung ist offenbar am ehesten mit irgendeinem natürlichen Phänomen in Einklang zu bringen, aber es ist schwer vorstellbar, daß dies auf einer Strecke von über 150 Kilometern zu beobachten wäre. Auch hier weist die Tatsache, daß die Objekte ihren Abstand zum Flugzeug mehr oder weniger beibehielten, auf eine meteorologische Erscheinung hin. Aber wie ist das mit den wechselnden Positionen der kleineren Objekte zu vereinbaren?

Die Zeugen in der BOAC hatten den Vorteil einer Beobachtung im Tageslicht. Die militärischen Beobachter im folgenden Fall waren darin nicht so glücklich. Allerdings hatten sie zum Ausgleich die Bestätigung durch das Radar.

Fall 59

Süden und Mitte der Vereinigten Staaten *17. 5. 1957*

Ein Bomber der Vereinigten Staaten vom Typ RB-47 kam mit sechs Mann Besatzung zurück von einem Übungsflug, auf dem Übungen mit verschiedenen Geräten durchgeführt wurden, unter anderem auch ECM (elektronische Gegenmaßnahmen). Um 4.10 Uhr Ortszeit hatten sie Sichtkontakt zu einem leuchtenden Objekt, das den Bomber während der folgenden eineinhalb Stunden begleitete, in denen das Flugzeug über 12 000 Kilometer vom Golf von Mexiko über mehrere Bundesstaaten zum Luftwaffenstützpunkt Forbes in Kansas zurücklegte. Es flog nicht direkt, sondern auf einem Umwegkurs, der an einer Stelle sogar eine Schleife machte. Das Objekt wurde zu verschiedenen Zeiten von der Cockpit-Besatzung gesehen. Es war auf dem ECM-Monitor des Flugzeugs zu erkennen, und es wurde von einer Radar-Bodenstation, die vom Bomber aus benachrichtigt wurde, verfolgt. Mehrere dieser Beobachtungen erfolgten gleichzeitig, und besondere Vorkommnisse, wie z. B. das Auftauchen und Verschwinden des Objekts, wurden bei allen drei Beobachtungsarten registriert. Das Objekt zeigte eine bemerkenswerte Manövrier-Geschwindigkeit. Es konnte abrupt von der Steuerbord- auf die Backbordseite des Flugzeugs und wieder zurück springen. Obwohl es meist als »riesiges Licht« erschien, hatte der Kommandant den deutlichen Eindruck, daß dieses Licht von der Spitze eines unsichtbaren Objekts ausging.

Die Tatsache, daß das Objekt in unterschiedlichen Richtungen gesehen wurde, nicht nur nach Kursänderungen des Flugzeugs, sondern auch in Beziehung zum Flugzeug selber, schließt jede Erklärung durch Lichtreflexe, durch Mißdeutungen von Himmelskörpern, Bodenlichtern usw. aus. Die Ortung durch Instrumente und optische Beobachtungen bestätigen sich gegenseitig. Die Kombination von Beweismaterial weist deutlich auf ein »materielles Objekt«

hin. Es hatte einen gewissen Intelligenzgrad und die Fähigkeit, über beträchtliche Zeiträume hinweg schneller zu fliegen und zu manövrieren als ein Flugzeug.[132]
Der eben berichtete Fall enthält noch ein Kennzeichen von UFOs, über das häufig berichtet wird: die Fähigkeit, aus dem »Nichts« aufzutauchen und ebenso plötzlich wieder zu verschwinden. Hier ein besonders beeindruckendes Beispiel.

Fall 60
Nouatre, in der Nähe von Marcilly-sur-Vienne, Frankreich
30. 9. 1954

George Gatay arbeitete als Vorarbeiter mit einem Team von acht Arbeitern in einem Steinbruch. Gegen halb fünf Uhr nachmittags hatte er ein starkes körperliches Gefühl von Taubheit, und plötzlich sah er sich einem kleinen Wesen von ungefähr 1,5 Metern Größe gegenüber, das vor einem Objekt von etwa 4,5 Metern Durchmesser stand. Das Objekt hatte das Aussehen einer glänzenden Kuppel, die etwa einen Meter über dem Erdboden schwebte, und Rotorblätter wie ein Hubschrauber. Er versuchte wegzulaufen, aber er war gelähmt. Auch die anderen Arbeiter konnten sich etwa 30 Sekunden lang nicht bewegen. Dann verschwand das kleine Wesen und die Maschine hob mit einem pfeifenden Geräusch ab. Sie stieg in mehreren Sprüngen bis auf 200 Meter Höhe und verschwand dann in einer Art blauer Wolke.[70]
Wenn man solchen Berichten glauben kann, sind den Möglichkeiten der UFOs buchstäblich keine Grenzen gesetzt. Man braucht gar nicht anzunehmen, daß all die verschiedenen Typen die gleichen Fähigkeiten haben: es kann gut sein, daß manche dies können und andere jenes. Es lassen sich aber keine Strukturmerkmale erkennen. Jedes Ereignis scheint ebenso ein Einzelfall zu sein, wie die Objekte als Einzelstücke erscheinen. Welche Erklärung wir auch

immer anführen, sie muß dieser Verhaltens- und Erscheinungsvielfalt Rechnung tragen.

Wer steuert die Objekte?

Viele, wenn nicht die meisten UFOs zeigen intelligentes Verhalten. Wenn es sich um natürliche Erscheinungen handelt, sind UFOs vielleicht selber in gewissem Grade intelligent. Wenn sie künstliche Gegenstände sind, enthalten sie vielleicht intelligente Wesen, oder sie werden von Intelligenzen gesteuert.
Viele UFOs scheinen nur kleine Lichtbälle zu sein, die offenbar nicht groß genug sind, um andere Wesen zu enthalten. Aber man sollte sich nichts vormachen – ein mit intelligenten Ameisen besetztes Raumschiff müßte z. B. nicht größer als ein Tennisball sein, so daß also sogar ein Phantom-Jäger (Fall 9) eine Besatzung haben könnte. Genausogut könnten sie von einer entfernten Station aus mit Hilfe von Monitoren ferngesteuert sein.
Trotzdem ist hinreichend gesichert, daß die meisten UFOs, deren Größe berechnet wurde, sich in »menschlichen« Dimensionen bewegen, und daß in den Fällen, in denen Insassen beobachtet wurden, diese uns von Gestalt zwar nicht gleich, aber doch recht ähnlich sind. Nur sehr selten und in schlecht bestätigten Fällen wurden Wesen einer völlig anderen Größenordnung beobachtet, wie z. B. wenige Zentimeter große Männchen. (Beschreibungen von sehr großen Insassen siehe Literaturverzeichnis Nr. 85, von sehr kleinen Nr. 119).
Es gibt in den Akten Hunderte von Fällen, in denen Augenzeugen behaupten, UFO-Insassen gesehen zu haben, entweder in ihrem Fahrzeug oder beim Ein- oder Aussteigen. Das hat Forscher dazu angeregt, eine Einteilung nach verschiedenen Arten zu versuchen. Die Ergebnisse sind den Versuchen, die UFOs selbst zu klassifizieren, sehr

ähnlich. Auch hier wurde eine verwirrende Vielfalt von Typen gemeldet, unter denen aber einige Typen herausragen.[161] Der französische UFO-Forscher Eric Zurcher hat sie genauer untersucht und fand heraus:

* etwa 20 Prozent sind mehr oder weniger menschlich, darunter die wichtige Untergruppe von schönen Männern mit langem Haar;
* etwa 34 Prozent sind kleine Zweibeiner mit großen Köpfen;
* etwa 5 Prozent sind behaarte Zweibeiner;
* etwa 30 Prozent können nicht genau gesehen werden, weil sie »Raumanzüge« oder etwas ähnliches tragen.

Auf der anderen Seite gibt es andere, mehr oder weniger bizarre Typen, darunter Riesen, Miniaturwesen und Geschöpfe, die überhaupt nichts Menschliches an sich haben. Wenn man sie für Außerirdische hält, ist es unwahrscheinlich, daß eine Mehrheit der UFO-Insassen mehr oder weniger menschenähnlich ist. Die Chance, daß sich auf einem anderen Planeten das Leben in dem Maße ähnlich wie auf der Erde entwickelt hat, wird gering eingeschätzt. Noch unglaubhafter ist es, daß sie, wie von den UFO-Insassen meist berichtet wird, sich mühelos unter den Schwerebedingungen der Erde bewegen und die Luft unserer Atmosphäre atmen (obwohl es einige Fälle mit Hinweisen auf Anpassungs-Probleme gibt). Daß sich die physikalischen Bedingungen der Erde woanders wiederfinden, ist statistisch höchst unwahrscheinlich.

Solche Überlegungen hielten die Forscher lange Zeit davon ab, Berichte über Insassen und insbesondere Kontakt-Geschichten ernst zu nehmen. Noch immer stehen sie im Widerspruch zur Hypothese, es handele sich um Außerirdische, und sie ermutigen die Verfechter anderer Hypothesen, von denen in Kapital 7 die Rede sein wird. Eines ist jedoch sicher: glaubwürdige Augenzeugen melden immer wieder Fälle wie den folgenden, und man muß ihre Beobachtungen zum Beweismaterial zählen.

Fall 61 In der Nähe von Figueras, Spanien 10. 1958

Der 40jährige Geschäftsmann Señor Angelu fuhr gegen sieben Uhr abends mit seinem Motorrad spazieren, als er ein Objekt vom Himmel fallen und in den Wald stürzen sah. Er ging hin, um Hilfe zu leisten, und sah kein abgestürztes, sondern ein gelandetes Objekt. Es hatte die klassische UFO-Form, zwei aufeinandergelegten Tellern ähnlich, mit einem durchsichtigen Cockpit auf der Oberseite, und es stand auf Beinen. Der Durchmesser betrug etwa acht Meter. Er konnte eine Gestalt im Cockpit erkennen, und zwei weitere befanden sich auf dem Erdboden außerhalb. Sie sahen menschlich aus, waren aber nur einen Meter groß und hatten übergroße Köpfe. Sie bewegten sich und sammelten etwas vom Boden auf. Dann kehrten sie in ihr Schiff zurück, das abhob und kurz darauf nicht mehr zu sehen war. Die Beobachtung dauerte etwa 15 Minuten.[7]
Dieses Ereignis könnte man als archetypisch bezeichnen. In den Akten finden sich Dutzende von ähnlichen Berichten. Im Gegensatz dazu ist der folgende Fall äußerst ungewöhnlich.

Fall 62 Serra de Almos, Spanien 16. 8. 1968

Als der Besitzer einer Hühnerfarm gegen sechs Uhr morgens seine Tiere fütterte, sah er ein Licht, das wie die Spiegelung von Autoscheinwerfern aussah. Er sah ein halbkugelförmiges Objekt etwa einen Meter über dem Boden schweben und ein starkes Licht ausstrahlen. Zwei »krakenartige« Wesen, etwa einen Meter groß, mit je fünf oder sechs Beinen, von sehr heller Farbe und insgesamt ekelerregendem Aussehen liefen bei seiner Annäherung auf die andere Seite des Objekts, und das UFO hob sofort ab.[7]
Wer einwendet, die meisten UFO-Insassen, über die berichtet wird, seien zu menschenähnlich, könnte sich über

dieses Erlebnis freuen. Andere werden es der Phantasie des Augenzeugen zuschreiben. Die Frage nach der physischen Realität, die uns in die Nähe des Phänomens von Erscheinungen bringt, stellt sich in Fällen wie dem folgenden.

Fall 63 *Aznacalzar, Spanien* *um den 5.4.1935*

Lange vor der UFO-Ära sah der Bauer Señor Mora, wie ein großes, rundes, glänzendes Objekt gegen halb acht Uhr abends in 400 bis 500 Meter Entfernung vom Himmel sank. Es schwebte knapp über dem Boden; dann tauchten zwei kleine, seltsame Wesen auf, die sich um das Objekt herumbewegten. Der Zeuge dachte, er hätte eine Art übernatürlicher Vision erlebt, eine Gnade Gottes, und sie nahm in seinen Gesprächen bis zu seinem Tod eine zentrale Stellung ein.[119]

Fall 64 *Pontejos, Spanien* *6.1.1969*

Vier Leute, die sich nachts in der Küche eines kleinen Cafés aufhielten, sahen in etwa 30 Metern Entfernung in einem Feld ein Objekt über dem Boden schweben. Es erschien ihnen wie ein orangefarbenes Rechteck, ungefähr fünf Meter lang, in dem sich die Umrisse von fünf Männern abzeichneten. Sie schienen von den Seiten in den beleuchteten Teil zu kommen und sich in die Mitte zu bewegen, wo sie verschwanden. Dann ging die Hauptbeleuchtung aus. Jetzt konnten die Zeugen ein großes, graues Objekt sehen, das wie eine Schüssel aussah, die umgekehrt auf einem Teller liegt. Sie beobachteten, wie es fortflog und dabei ein helles Licht ausstieß, das die Umgebung erleuchtete.[119]
Scheinbar sind die zeitlichen Übereinstimmungen bedeutungslos, mit denen die UFO-Forschung geschlagen ist.

Doch ereignete sich neun Tage später in Sevilla ein fast identischer Fall in Spanien. Es ist sehr unwahrscheinlich, daß der Zeuge von dem ersten Fall wußte. In beiden Fällen hat man den Eindruck einer »Vorführung«, die absichtlich arrangiert wurde. Doch es ist unwahrscheinlich, daß ein Raumschiff unvorstellbare interstellare Entfernungen zurücklegen sollte, nur um wenige Minuten lang einen bedeutungslosen Tanz vor einem Publikum von vier Arbeitern aufzuführen, die zufällig von ihrer Beschäftigung aufschauen.

Solche Fälle bringen uns zum Kern des UFO-Problems: welchen Zweck haben UFOs? Mit dieser Frage vollzieht man den Schritt von der Beobachtung zur Deutung, mit all den Risiken, die das enthält. Aber auch die Meldung einer Beobachtung enthält ja schon eine Deutung. So wird ein Augenzeuge eine Scheibe als »schwebend« beschreiben, weil das, was sie tut, so aussieht. Aber das ist unter Umständen keine genaue Beschreibung. In Wirklichkeit könnte sie ja auf einem Kissen »liegen«, das durch ein Kräftefeld aufgebaut ist. Man muß also darauf achten, ihren Aktionen nicht unsere Logik zu unterschieben.

Aber was für eine Logik ist dann als Grundlage des Verhaltens von UFOs vorstellbar? Unsere irdischen Flugzeuge fliegen von A nach B, weil ihre Insassen lieber in B als in A sein wollen. UFOs scheinen ziellos am Himmel herumzuflitzen, nirgends herzukommen und nirgendwo hinzufliegen und in der Zwischenzeit einfach alles mögliche zu tun. Wenn unsere Astronauten auf dem Mond landen, machen sie sich sofort an die Ausführung eines genauen Programms von Aufgaben. Die einzigen UFO-Insassen, die irgendeinen Lebenszweck zu haben scheinen, sind die zweifelhaften Typen, die uns nur allzu menschliche Botschaften bringen und Leute wie Adamski und George King zu interplanetarischen Botschaftern erwählen.

Es wurden andere Denkmöglichkeiten vorgeschlagen. Vielleicht schürfen UFOs nach einem Mineral, das auf unserem Planeten vorkommt, auf ihrem aber nicht. Vielleicht überwachen sie unseren Planeten als Vorspiel zu einer Invasion oder Eroberung. Man hat sich schon Dramen ausgedacht, in denen die UFOs Abgesandte von einem sterbenden Planeten enthalten, die nach einer neuen Heimat suchen. Das war das Thema eines neulich behaupteten Entführungs-Falles um *Die Janos-Leute.* Es ist die pathetische Geschichte eines freundlichen Volkes, das auf der Erde nur Lebensraum für einen Neubeginn sucht ...[82]

Mit der Entführung von Augenzeugen zum Zwecke einer medizinischen Untersuchung scheint ein immer wiederkehrendes Verhaltensmuster vorzuliegen, das mit menschlicher Logik übereinstimmt; deshalb hat die Geschichte von Barney und Betty Hill (Fall 17) so offene Ohren gefunden. Aber eine unvoreingenommenc Einschätzung der Ereignisse zeigt, daß die Untersuchungen selber oberflächlich und äußerlich sind und oft Merkmale aufweisen, die eher mit der individuellen Psychologie des jeweiligen Zeugen zu tun haben.

Es ist nicht nur wenig schmeichelhaft, sondern auch unlogisch, daß sie so großes Interesse an uns als Gattung haben sollten, während sie sich überhaupt nicht für das interessieren, was wir – als Gattung – erreicht haben. Es scheint, als ob kein UFO je Interesse an irgendeiner unserer Errungenschaften gehabt hätte, wie z. B. an unseren Städten, Denkmälern oder Technologien. Nur gelegentlich zeigen sie ein wenig Neugier in bezug auf unsere Energieversorgung, unsere Kernreaktoren und ähnliche technologische Verbesserungen. All das weist auf eine bedauernswert materialistische Einstellung hin. Es ist gut möglich, daß wir, wenn wir schließlich Kontakt mit ihnen aufnehmen, die UFO-Leute als unkultivierte und ungebildete Wesen kennenlernen, mit denen man sich nicht unterhalten kann.

Auch wenn wir alles Vorstellbare zulassen, erlaubt das Beweismaterial aus Augenzeugenberichten weder eine befriedigende Erklärung von Sinn und Zweck der UFOs, noch ist es mit einer der Thesen über ihren Sinn und Zweck vereinbar, die von Theoretikern aufgestellt wurden, wie frei sie auch immer ihre Phantasie schweifen ließen. Es gibt einige Fälle, in denen einzelne UFOs anscheinend zielgerichtetes Verhalten zeigten – die Überwachung eines Flugzeugs, die Verfolgung eines Autos oder eines Zuges, das Sammeln von Proben von Lavendelsträuchern oder die medizinische Untersuchung von Menschen. Aber keiner von ihnen deutet einen Grund für das ganze Phänomen auch nur an. Das läßt uns die Wahl zwischen vier sehr wenig reizvollen Überlegungen:

* Diejenigen, die die UFOs steuern, sind trotz all ihrer technologischen Überlegenheit in anderer Hinsicht dumm. Möglicherweise ist ihr biologischer Aufbau so beschaffen, daß sie alles Wissen haben, das man zur Raumfahrt braucht, aber keines für sonstige Tätigkeiten. Ähnlich, wie manche Tierarten auf der Erde zwar im Bau von Nestern unschlagbar sind, aber niemals Streichquartette komponieren könnten.
* Ihre Absichten könnten so verborgen sein, daß sie außerhalb unserer Verständnismöglichkeiten liegen, und nur auf einer kosmischen Ebene, für die wir nicht ausgelegt sind, einen Sinn ergeben.
* Was berichtet wird, ist nicht das, was es zu sein scheint. In Wahrheit handelt es sich um eine Verschwörung riesigen Ausmaßes von unbekannten Kräften, oder um ein hochkomplexes Experiment von übermenschlichen Wissenschaftlern, die uns untersuchen wie wir Fruchtfliegen oder Ratten.
* Die Augenzeugen sehen in Wirklichkeit nicht das, was sie zu sehen glauben. Das UFO-Phänomen ist eine besonders komplexe Art von Halluzinationen, die weltweit, aber mit individuellen Unterschieden wirkt.

6

Kritische Einwände

Das Beweismaterial für UFOs ist so zweifelhaft, widersprüchlich und unlogisch, daß es kaum überrascht, wenn viele es als Hinweis auf die Fehlbarkeit und Leichtgläubigkeit der Menschen betrachten, und nicht als Hinweis auf ein neues und für die Wissenschaft wichtiges Phänomen. Verblüffender ist schon, wie viele Leute sich bereits nach einem flüchtigen Blick auf das Material nicht mehr damit beschäftigen wollen, einzig mit der Begründung, weil solche Ereignisse unmöglich seien, hätten sie sich auch nicht zugetragen.

Eine traurige Folge davon war, daß die wissenschaftliche Erforschung des Phänomens behindert wurde. Es ist richtig, daß UFOs genauer untersucht wurden als jede andere nichtnormale Erscheinung. Ein Hinweis darauf ist Linds Verzeichnis von UFO-Protokollen, in dem allein die englischsprachigen 281 Seiten füllen.[96] Zwar zeigt dies, daß sehr viel engagierte Untersuchungsarbeit geleistet wurde. Doch damit kann man organisierte wissenschaftliche Forschung nicht ersetzen. Die Chance des einzigen größeren Unternehmens dieser Art wurde leider vertan. 1966 war die Luftwaffe der Vereinigten Staaten unter beträchtlichen Druck der Öffentlichkeit geraten. Sie sollte das UFO-Problem auf die eine oder andere Art lösen. Die Luftwaffe trat an einige amerikanische Universitäten mit dem Vorschlag heran, eine umfassende Untersuchung anzustellen. Dank seines sensationellen Beigeschmacks in der Öffentlichkeit hatte das Thema damals einen so schlechten Ruf, daß die meisten der Gefragten den Vorschlag ablehnten, weil sie fürchteten, sich durch eine Zusage lächerlich zu machen. Schließlich nahm die Universität von Colorado das Angebot an, und unter der Leitung des berühmten Physikers Dr.

Edward U. Condon erhielt das Forschungsprojekt einen ersten Vertrag mit einer Laufzeit von 15 Monaten und einem Budget von 313 000 Dollar. Nachträglich wurde das Projekt auf 24 Monate verlängert und um 525 000 Dollar aufgestockt.

Fast von Anfang an war das Projekt durch interne Schwierigkeiten behindert. Es wurden Anschuldigungen erhoben, das Komitee hätte Weisung gehabt, ein negatives Ergebnis vorzulegen. Das ist wahrscheinlich übertrieben, aber zweifellos nahmen einige der leitenden Mitarbeiter von vornherein eine ablehnende Haltung ein. Einer von ihnen, der Projekt-Koordinator Robert Low, war unvorsichtig genug, seine Meinung in einem schriftlichen Memorandum darzulegen, das dann später entdeckt und veröffentlicht wurde und schließlich einige Mitarbeiter zur Kündigung veranlaßte. Sogar Dr. Condon selbst verhielt sich merkwürdig. Er verbreitete seine negative Meinung öffentlich über Funk und machte den Gegenstand lächerlich.

Als 1968 schließlich der Bericht des Komitees in drei dikken Bänden von insgesamt 1465 Seiten veröffentlicht wurde, begann er seltsamerweise mit Dr. Condons Schlußfolgerungen und Empfehlungen, die natürlich negativ waren:

Unser allgemeines Ergebnis ist, daß die Erforschung der UFOs in den letzten 21 Jahren keinen Beitrag zur Erweiterung des naturwissenschaftlichen Wissens geleistet hat. Nach sorgfältigem Abwägen der uns vorliegenden Ergebnisse kamen wir zu dem Schluß, daß eine weitere ausführliche Erforschung von UFOs in der Erwartung, sie diene dem Fortschritt der Wissenschaft, wohl nicht zu rechtfertigen ist.[37]

Wie ein Kritiker bemerkte, wäre Condon vielleicht zu einem anderen Ergebnis gekommen, wenn er wenigstens seinen eigenen Bericht gelesen hätte. Er ist unausgewogen und unausgegoren, und doch eines der wichtigsten Bücher, die je über das Thema veröffentlicht wurden. Er enthält

eine Fülle wichtigen Materials, das nicht nur die Schlußfolgerungen des Projektleiters Lügen straft, sondern auch eine Basis für ein breit angelegtes Forschungsprogramm bietet. Das trifft sogar auf Dr. Condons eigene Beiträge zu. Sie sind klug und scharfsichtig, obwohl sie natürlich seine Vorurteile spiegeln. Es ist schade, weil dieser Bericht, wäre er im Ansatz flexibler und aufgeschlossener geplant worden, wirklich die »wissenschaftliche Studie über UFOs« hätte sein können, als die er sich im Titel ausgibt.
Statt dessen hielt die höchst negative Schlußfolgerung, die dem Bericht vorangestellt wurde, die meisten Leser davon ab, den Rest allzu genau zu lesen. Nur wenige waren hartnäckig genug, zu entdecken, daß sogar die magere und nicht repräsentative Auswahl von Fällen durch das Komitee immer noch groß genug war, um beeindruckendes Beweismaterial zu liefern (darunter waren auch unsere Fälle 22, 26, 58 und 59).
Wie jedes Forschungsgebiet, kann auch die UFO-Forschung aus wohlwollender Kritik nur Nutzen ziehen, und sei es nur als Korrektiv gegen das gefühlsmäßige Vertreten einer vorgefaßten Meinung. Wie wir schon festgestellt haben, führt das häufig dazu, Behauptungen von Augenzeugen unbesehen zu glauben. Schriftsteller wie der Astronom Donald Menzel und der Luftfahrt-Journalist Philip Klass haben oft dankenswerte Arbeit geleistet, indem sie einige der unsinnigeren Fälle aus den UFO-Akten entfernt haben. Das wäre ihnen sicherlich noch besser gelungen, wenn sie in ihren Behauptungen nicht immer wieder zu weit gegangen wären. In seinem ersten Buch[91] versuchte Klass zu zeigen, daß alle UFOs ungewöhnliche elektrische Erscheinungen in der Atmosphäre seien, die unter seltenen Bedingungen von der Natur hervorgebracht würden; seine Theorie war offensichtlich nur geeignet, einen kleinen Teil des Beweismaterials zu erklären. In seinem zweiten Buch war er zurückhaltender, und sein Verleger behauptete, »er analysiere sorgfältig und wissenschaftlich den gesamten Be-

reich der UFO-Problematik«.[92] In Wirklichkeit tut er nichts dergleichen, sondern er wählt nur einige Fälle aus und zeigt, daß bei ihrer Untersuchung oder der Analyse Fehler gemacht wurden. Viele seiner Ergebnisse sind erstklassig, und jeder ernsthafte UFO-Forscher würde sich darüber freuen.

Es ist nicht leicht, einen Eindruck von der Einstellung und Arbeitsweise solcher Schriftsteller zu vermitteln, weil ihre Einschätzung eine genaue Beschäftigung mit dem entsprechenden Fall erfordert. Einen Eindruck von dieser kritischen Methode in ihrer gröbsten Form kann der folgende Fall jedoch vermitteln.

Fall 65

In der Nähe von Norfolk, Virginia, USA *14. 7. 1952*

Als sich eine DC 4 der Pan American, geflogen von Kapitän Nash und dem zweiten Offizier Fortenberry, gegen 20.10 Uhr Norfolk näherte, bemerkten beide Männer ein rotes Strahlen am Himmel, das sich rasch in sechs glänzende Objekte auflöste, die feurig rot aussahen und auf das Flugzeug zuflitzten. Sie hatten eine klar umrissene, nicht verschwommene Form, wie flache Scheiben von etwa 30 Meter Durchmesser, und waren sehr schmal, höchstens fünf Meter dick. Die DC 4 flog in 2500 Metern Höhe. Die Besatzung schätzte die Höhe der Objekte, die unter ihnen flogen, auf 600 Meter. Sie flogen in dichter Formation, und als sie fast genau unter dem Flugzeug waren, kippten sie alle gleichzeitig mit einer Seite nach oben und machten eine Wendung um 150 Grad. An diesem Punkt trafen sie mit zwei anderen Objekten zusammen. Die Lichter gingen plötzlich aus, dann leuchteten sie wieder auf. Die Objekte flogen rasch in einem Bogen davon, der sie auf größere Höhe als die DC 4 brachte. Dann gingen die Lichter eines nach dem anderen aus. Die ganze Beobachtung dauerte ungefähr 15 Sekunden. Bei der Berechnung der Geschwindigkeit der Objekte versuchten die Zeugen, zurückhaltend zu sein, aber sie bestanden darauf, daß sie nicht viel niedriger als 20 000 km/h gewesen sein konnte.[116]

Der Physiker Charles Maney forderte Professor Menzel heraus, diese genaue und ausführliche Beobachtung zu erklären. Menzel nahm die Herausforderung an und begründete das folgendermaßen: »Eines Tages werden die Historiker wissen wollen, welche Tatsachen der UFO-Hysterie der vergangenen Dekade zugrunde lagen... Mein recht umfangreicher Briefwechsel mit Maney war interessant, weil er mir half, mir eine Vorstellung von einem Mann mit wissenschaftlichem Hintergrund zu machen, der trotzdem an das Vorhandensein von UFOs glaubte.«[53]

Vielleicht hilft er dem Leser vielmehr, sich ein Bild von einem Mann zu machen, der von vornherein entschlossen war, nicht an das Vorhandensein von UFOs zu glauben. In verschiedenen Phasen dieses umfangreichen Briefwechsels bot Menzel folgende Erklärungen für die Beobachtung der beiden Piloten an:

1. Autokinese (subjektive Verschiebungen im Urteil).
2. Spiegelungen im Fenster des Flugzeugs.
3. Die Stewardess, die an ihrer Zigarette zog.
4. Spiegelung einer Schwingtür, die sich zur Kabine hin öffnete.
5. Ein scharf gebündelter Suchscheinwerfer, der durch Luftschichten gesehen wurde, die sich durch eine Inversions-Wetterlage gebildet hatten.

Man hat den Eindruck, Menzel sei lieber auf jede noch so unwahrscheinliche Vermutung eingegangen als zuzugeben, daß die beiden Männer tatsächlich das gesehen hatten, was sie behaupteten. Kein ernsthafter UFO-Forscher hätte etwas dagegen einzuwenden, daß man alles tut, um eine natürliche Erklärung für ein Ereignis zu finden, aber in diesem Fall übersieht Menzel einfach den größten Teil des Berichts, nur um die Beobachtung an die Erklärungen anzupassen, die er gerade vorbringt.

In anderen Fällen, in denen man das Beweismaterial nicht einfach übersehen konnte, nahmen Zweifler Zuflucht zu Mehrfach-Lösungen für ein einziges Problem. Als ein Pilot namens Gorman mit seinem Flugzeug nachts landen wollte, wurde er knapp von einem hin- und herfliegenden Lichtball überflogen, der auch vom Kontrollturm aus sichtbar war. Professor Menzel war der Meinung, Gorman habe zuerst einen beleuchteten Ballon gesehen, und sprach später sogar von einer Spiegelung des Jupiter.[104] Es könnte jedem passieren, daß er ein natürliches Objekt für ein UFO hält. Aber daß ihm das bei der gleichen Gelegenheit zweimal passieren sollte, ist wesentlich unglaubhafter als die Möglichkeit, Gorman habe tatsächlich ein unbekanntes Objekt gesehen.

Die Zweifler der Generation von Condon, Menzel und Klass sind anscheinend mit dem festen Entschluß an das UFO-Problem herangegangen, *überhaupt* kein Beweismaterial zu akzeptieren, dafür aber *jede* andere Erklärung, und sei sie noch so unwahrscheinlich. Einen aufgeschlosseneren Ansatz vertritt Michel Monnerie, ein erfahrener französischer Forscher, der 1977 seine Kollegen mit der Veröffentlichung des Buches *Et si les OVNIs n'existent pas? (Und wenn es keine UFOs gibt?)* in Erstaunen versetzte.[110] Monnerie entschied auf der Grundlage von Fällen, die er selbst untersucht hatte, daß der Anteil von Verzerrungen und Erfindungen an ihnen so groß sei, daß das zu dem Schluß berechtige, man könne aus diesen Gründen alle UFO-Beobachtungen als unwahr abtun. Hier ist eines seiner Beispiele.

Fall 66 *Lot, Frankreich* *7. 5. 1972*

Als eine Dame auf ihren Balkon trat, um die Läden zu schließen, hatte sie das Gefühl, sie würde beobachtet. Sie schaute auf und sah ein Licht, das sie zuerst für einen besonders großen Stern hielt. Aber es sah eher wie ein Feuerball aus und strahlte Farben ab – orange, grün, rot, rosa. Manchmal schien es zu schrumpfen, dann sich wieder zu vergrößern. Ihre ganze Familie kam heraus, um den Feuerball zu sehen. Am nächsten Abend tauchte er wieder auf, und sie sah, wie er sich herabsenkte und dann stillhielt. Er machte eine sprunghafte Bewegung und stand wieder still. An den folgenden Abenden gab es ähnliches zu sehen. In einer Nacht war das Licht so hell, daß es den gesamten Balkon erleuchtete. Die Untersuchung hat jedoch gezeigt, daß an diesen Abenden die Venus in dem fraglichen Bereich des Himmels zu sehen war und daß die Augenzeugen mit ziemlicher Sicherheit den Planeten gesehen hatten.

Monneries These zu solchen Fällen ist, daß die simple Beobachtung eines Flugzeugs, der Venus oder von sonst etwas einen »Wachtraum« auslöst, in dem das Unterbewußtsein das in Wirklichkeit Vorhandene durch einen Traum-Inhalt ersetzt, an dessen Realität der Zeuge fest glaubt.

Es steht außer Frage, daß solche psychologischen Prozesse stattfinden, und viele UFO-Forscher würden zugeben, daß dies für viele zweifelhafte Fälle eine hinlängliche Begründung sein könnte. Das trifft besonders auf Fälle wie den folgenden zu, bei denen persönliche Faktoren eine Rolle spielen.

Fall 67 Australien ohne Datum; Ende der 70er Jahre?

»Mr. A« verspürte einen starken Wunsch, zum Flugplatz zu gehen. Dort sah er ein helles rundes Licht am Himmel, das er als UFO meldete. Die Untersuchung ergab, daß der Augenzeuge ein 58jähriger Einwanderer war, der erst vor kurzem in Australien angekommen war. Er lebte allein und hatte schon einmal Schwierigkeiten am Arbeitsplatz. Er litt unter Verfolgungsängsten und hatte schon viele andere Geschichten von ungewöhnlichen Ereignissen berichtet.[112]
In so einem Fall ist es sicherlich berechtigt, wenn Mark Moravec, der das Ereignis untersuchte, folgert, daß »Mr. A nur UFO-Material in seine Wahnvorstellungen mit eingefügt hat«. Ein Prozeß der Art, wie ihn Monnerie beschreibt, könnte wohl eine Rolle spielen. Aber gilt das auch für einen Fall wie den von Nash und Fortenberry (Fall 65)? Die Hypothese wird sicherlich überstrapaziert, wenn man sie als allgemeingültige Erklärung benützt.
Eine informierte, kritische Haltung wie die Monneries tut der UFO-Forschung jedenfalls gute Dienste, sowohl als Quelle möglicherweise richtiger Gedanken als auch, weil er andere UFO-Forscher ebenfalls zu einer kritischen Einstellung zwingt. Außerdem zeigt Monneries Arbeit, daß die wirksamste Kritik des UFO-Beweismaterials immer aus den Reihen der UFO-Forscher gekommen ist, eben von denjenigen, die mit der ganzen Reichweite des Phänomens vertraut sind. Als der amerikanische Forscher Allan Hendry 1979 sein UFO-Handbuch veröffentlichte, war das für ufologische Hitzköpfe eine langverdiente kalte Dusche. Den größten Teil seines Buches nimmt eine Aufstellung der verschiedenen Arten ein, wie Augenzeugen verschiedene alltägliche Dinge als UFOs mißdeutet haben.

Eine Kellnerin, die gegen vier Uhr morgens keimkehrte, sah ein Objekt, das sie auf etwa acht Meter im Durchmesser schätzte und das von wolkigem Dunst umgeben war. Zwei andere Augenzeugen bestätigten die Beobachtung. Sie sah, wie das Objekt etwa 50 Minuten lang still über einem Krankenhaus schwebte und dann hoch in den Himmel schoß. Gleichzeitig verschwanden zwei kleinere Objekte in seiner Nähe, die wie Sterne aussahen, aber pulsierende Farben hatten. Während der Beobachtung wurde die Beleuchtung auf einem nahegelegenen Parkplatz in Abständen dunkler und wieder heller, was die Zeugin glauben ließ, das UFO entzöge ihr irgendwie den Strom. Tiere wurden beeinflußt – ein Hund heulte und bellte, ein Sittich schrie. Sie selbst fühlte sich wie in Trance. Sie war völlig kraftlos, und jede Bewegung erschien ihr anstrengend. Trotz dieses Detailreichtums zeigte Hendry, daß die Augenzeugin nichts Exotischeres als den Mond betrachtet hatte, in dessen Nähe sich für das bloße Auge sichtbar Mars und Jupiter befunden hatten.[76]
Solche Beobachtungen belegen die Wichtigkeit eines breiten Gesichtsfelds. Hendrys astronomisches Wissen gab ihm die Möglichkeit, die Fehldeutung der Kellnerin richtigzustellen, und Moravecs Vertrautheit mit psychologischen Vorgängen gab ihm die Sicherheit, Mr. A.s Behauptung anzuzweifeln. In ihrer Frühzeit war die UFO-Forschung durch die Unsicherheit behindert, welche Wissenschaftsdisziplin wohl am besten für die Lösung ihrer Probleme geeignet wäre. War das Wissen des Astronomen, des Ingenieurs oder des Physikers das wertvollste?
Heute würde man sagen, man braucht nicht nur alle drei, sondern zusätzlich noch den Psychologen, den Soziologen und sogar den Mythologen.
Diese Spezialisten können dem Forscher die Augen für die Vielzahl der Möglichkeiten öffnen. Der französische UFO-

Forscher Jacques Vallée hat Parallelen zwischen vielen UFO-Beobachtungen und folkloristischen Erzählungen gezogen.[152] Der belgische Autor Bertrand Meheust hat auf auffällige Ähnlichkeiten zwischen UFO-Meldungen und bestimmten Science-Fiction-Geschichten hingewiesen.[101] Aber keiner von ihnen würde den Fehler machen anzunehmen, daß er eine Blanko-Erklärung gefunden hätte, die für das gesamte UFO-Phänomen Gültigkeit hat. Sie haben unsere Aufmerksamkeit nur auf Gesichtspunkte gelenkt, die zu unserem Verständnis des Problems beitragen könnten, auch wenn sie es zunächst einmal komplizierter zu machen scheinen.

Ähnliches gilt für die Psychologie. Neulich stellte Alvin Lawson in Kalifornien die These auf, daß die Opfer von Entführungen in Wirklichkeit die Erfahrungen des Geburts-Traumas noch einmal durchleben.[94] Er hat damit einen sehr einleuchtenden Hinweis gegeben, aber er würde keinen Moment beanspruchen, das UFO-Problem geklärt zu haben. Er hat nur eine »überprüfbare Hypothese« aufgestellt, die zu positiven und wissenschaftlich gültigen Ergebnissen führen könnte.

Kritik auf dieser Ebene kann nur Gutes bewirken. Im Gegensatz dazu stellen alle, die eine engstirnige Einstellung haben und nicht von dem Beweismaterial, sondern von der vorgefaßten Meinung ausgehen, daß das Phänomen nicht existieren *kann* und daß es deshalb eine andere Erklärung geben *muß*, nur Hindernisse auf dem Weg zu einer erfolgreichen Forschung dar. Glücklicherweise nehmen nur wenige Einzelgänger diese Haltung ein. Daß sie bei der Lösung des UFO-Rätsels trotz all ihrer lautstarken Beteuerungen scheitern, ist der beste Hinweis auf die Qualität des Beweismaterials.

7

Analyse des Beweismaterials

Von wichtigen und bedeutenden Ausnahmen einmal abgesehen, enthält das UFO-Beweismaterial überzeugende Hinweise darauf, daß es *anscheinend* eine Vielzahl strukturierter Objekte gibt, deren technische Möglichkeiten weit über den auf der Erde vorhandenen liegen und die offenbar intelligent gesteuert werden. Darüber hinaus scheinen sich in einem nicht geringen Teil dieser Objekte Wesen zu befinden, die keinem Geschöpf auf der Erde gleichen und die auch weit über ihre überlegene Beherrschung der Luftfahrt hinaus im Wissen und vielleicht auch in der Weisheit fortgeschrittener als wir zu sein scheinen. Der Schluß, daß unsere Erde von Wesen aus anderen Welten besucht wird, ist kaum zu vermeiden. Jedoch gilt es außer der Tatsache, daß wir überhaupt keinen schwerwiegenden Beweis dafür haben, noch einige zusätzliche Faktoren zu beachten.

Übersinnliche Wahrnehmungen

Sie können verschiedene Formen annehmen, folgende sind die häufigsten:

* Vorahnungen vom Auftauchen von UFOs. Häufig äußern sie sich in nicht mehr als dem Drang, zum Fenster oder vor das Haus zu gehen – worauf, man höre und staune, der Zeuge tatsächlich ein UFO sieht! Gelegentlich trifft jedoch Tage und Wochen im voraus jemand eine genaue Vorhersage, daß an einem bestimmten Ort ein UFO gesehen werden wird. 1974 berichtete der Kaplan eines französischen Luftwaffen-Stützpunkts, der Amateur-Hypnotiseur Père Mollison, über die Vorher-

sage einer seiner Versuchspersonen, daß drei Tage später in einem bestimmten Dorf ein UFO gesehen werden würde. Eine örtliche UFO-Forschungsgruppe fand sich zur vorhergesagten Zeit am angegebenen Ort ein und sah tatsächlich fünf Kugeln aus blauem Licht.[43]

* Viele Zeugen behaupten, mit sichtbaren oder unsichtbaren Wesen in telepathischem Kontakt zu stehen. M. Masse, aus unserem Fall 6, berichtete über ein Gefühl von Übereinstimmung mit den Wesen, die er in seinem Lavendelfeld sah, aber manchmal ist der Kontakt auch ausgeprägter. Rutledges *Project Identification* zeigt viele Beispiele auf, in denen die beobachtete Person nicht nur auf körperlich greifbares Geschehen auf dem Erdboden reagiert, sondern auch auf geistige Einflüsse. Ich selbst habe einmal eine Zeugin getroffen, die anscheinend die Fähigkeit hatte, UFOs nach ihren Wünschen die Richtung ändern zu lassen.
* Eine Anzahl von Zeugen hat über Poltergeist-Fälle in ihren Wohnungen berichtet, die eine Folge von UFO-Beobachtungen waren oder mit ihnen in Zusammenhang standen. Ich selber habe zwei solcher Fälle untersucht, und in den Akten finden sich noch viel mehr davon. Hier muß man sich fragen, ob die UFO-Beobachtung das übrige auslöste oder ob sie selbst als Teil des Poltergeist-Phänomens betrachtet werden sollte.
* Viele Zeugen berichteten über einen »Filmriß« in Verbindung mit einer UFO-Beobachtung. Natürlich ist das ein grundlegendes Merkmal von Entführungs-Fällen. Ich kenne keinen einzigen Fall, in dem dieses Gefühl eines Zeitsprungs objektiv bestätigt worden wäre. Die Zeugen berichten, sie wären nach Hause gekommen und hätten festgestellt, daß sie für den Weg zum Beispiel zwei Stunden länger als sonst gebraucht haben, aber nie hat jemand auf sie gewartet, der die Tatsache bestätigen könnte. Es stellt sich auch die Frage, wo der Zeuge – der sich oft im Auto befand – während des

Zeitsprungs war. Das Zeitsprung-Phänomen steht mit dem »Phänomen der leeren Straßen« im Zusammenhang. Im »Antonia«-Fall behauptete die Zeugin Helene Giuliana, daß sie im Sommer 1976 an Bord eines fremden Raumschiffes gegangen wäre und ihr Auto mit ausgeschalteten Scheinwerfern auf der Nationalstraße 531 stehengelassen hätte. Forscher fanden heraus, daß um diese Uhrzeit der Verkehr auf dieser Straße so dicht gewesen sein mußte, daß durchschnittlich alle elf Sekunden ein Fahrzeug vorbeikam! Der Vorfall konnte also nicht so stattgefunden haben, wie ihn die Zeugin berichtete.[126]

* Manche Zeugen haben sich gezwungen gefühlt, im Zusammenhang mit ihrer Beobachtung wie in Trance zu schreiben. Gewöhnlich geschieht das nachher, wenn der Vorfall vorbei ist. Meist behauptet der Zeuge, auf einen unwiderstehlichen Einfall zu reagieren. Die Botschaften besagen meistens, sie kämen von den außerirdischen Wesen, die die Beobachtung hervorgerufen hätten, um so einen Kontakt herzustellen. Dann folgen die üblichen Kontaktfall-Botschaften, in denen sich der Absender vorstellt, Warnungen gibt und ähnliches. Ein klassischer Fall ist der von Mrs. Keech, deren Botschaften zur Gründung einer Gruppe führten. Ihre Mitglieder erwarteten, von Außerirdischen vor einem der Erde drohenden Unglück gerettet zu werden. Glücklicherweise fanden weder die Errettung noch die Katastrophe wie vorhergesagt statt.[54] Andererseits berichtet Jacques Vallée von einer Mrs. Swan, deren in Trance gemachte Aufzeichnungen von amerikanischen und kanadischen Behörden gelesen wurden und 1959 angeblich zu einer dramatischen UFO-Beobachtung durch Personal des Marine-Nachrichtendienstes führten. Die Männer schauten wie angegeben aus dem Fenster und sahen am Nachmittags-Himmel über Washington ein scheibenförmiges Objekt![153]

* Eine gewisse Zahl von Zeugen hat über Erscheinungen

in Verbindung mit ihrer Beobachtung berichtet. Im November 1957 manifestierte sich ein Wesen, das behauptete, außerirdisch zu sein, und sich über Telepathie mit der Zeugin verständigte, langsam in der Küche von Mrs. Cynthia Appleton, einer 27jährigen Hausfrau aus Aston bei Birmingham.[22]

Es gibt grundsätzlich zwei Arten, mit derartigen Berichten umzugehen. Entweder man geht von der Annahme aus, daß UFOs tatsächlich außerirdische Raumschiffe sind, ohne allen übersinnlichen oder psychologischen Unfug. In diesem Fall schiene es wahrscheinlich, daß die meisten, wenn nicht alle, dieser angeblich übersinnlichen Vorfälle tatsächlich psychologische Ursachen haben. Der australische Forscher Mark Moravec hat gezeigt, daß es psychologische Vorgänge gibt, mit denen sich zufriedenstellend erklären ließe, wie solche Illusionen für Realität gehalten werden konnten.[1] Wenn seine Diagnose richtig ist, sind diese Fälle gar keine UFO-Beobachtungen im eigentlichen Sinn, sondern persönliche psychologische Erlebnisse des Zeugen, der das Drumherum eines UFO-Vorfalls benutzte, weil es zufällig einen passenden Ausdruck für ein Problem bot, mit dem er sich gerade herumschlug.

Die zweite Möglichkeit ist, daß diese übersinnlichen Ereignisse tatsächlich zum UFO-Phänomen gehören und daß die übersinnliche Dimension untrennbar mit allem übrigen verbunden ist. Rutledges Ergebnisse (die keineswegs Einzelfälle sind) weisen deutlich darauf hin, daß die UFOs oder diejenigen, die sie steuern, unsere Gedankengänge lesen können. Daran ist nicht notwendigerweise etwas Übernatürliches. Unsere Gehirne arbeiten mit elektrischen Strömen, und diese können prinzipiell auch aufgefangen werden. Jedenfalls wären die Folgen erschreckend.

Es ist zu früh, um zu entscheiden, welche dieser Annahmen zutreffend ist; deshalb dürfen wir diese übersinnlichen Vorfälle nicht aus dem Beweismaterial für UFOs ausschließen, so unangenehm sie uns auch sein mögen.

Verbindungen zur Science-Fiction und Folklore

Lesen Sie die folgenden Auszüge:

Es kam über den Hügel und stieß pfeilschnell herab, bis ich meinte, es müßte mich zerschmettern. Aber plötzlich schien es den Baum, unter dem ich stand, zu bemerken – und wie ein Pfeil dreht es sich um und schießt davon ... Es schien zu leben und zu denken ... Es war kein Geräusch zu hören. Es kam über das Dorf geflogen, gab eine Art trüben Blitz von sich und war verschwunden wie von der Nacht verschlungen. Aber es kam wieder ... und blieb hängen wie ein riesiger quadratischer Wolkenfetzen, ohne die geringste Bewegung. Dann fiel es wie ein Stein, neigte sich auf eine Seite, stieß auf meinen Kopf herab, und ... mit einem Aufleuchten war es verschwunden.[24]

Ich sah es in ungefähr 70 Meter Entfernung, wie es sich etwa 90 Sekunden lang in allen möglichen seltsamen Lagen bewegte. Es bewegte sich in völliger Stille und glitt langsam in etwa hundert Meter Höhe dahin. Plötzlich begann es, mit einer vibrierenden Bewegung zu fallen, und ich konnte sehen, wie es sich auf die Seite legte. Mit einem Mal schoß es wie ein Pfeil zur Seite, so schnell, daß ich es aus den Augen verlor, und überraschte mich, indem es tiefer wieder auftauchte, plötzlich anhielt und von einer Seite auf die andere schwankte. Etwa vier Sekunden lang hing es völlig bewegungslos in der Luft, still, aber leicht vibrierend. Dann erzitterte es zwei- oder dreimal, machte eine rechtekkige Wendung und verschwand wie ein Blitz.[101]

Die Ähnlichkeit zwischen den beiden Passagen ist bestimmt auffällig, obwohl die zweite eine argentinische UFO-Beobachtung aus den 70er Jahren beschreibt, während die erste ein Auszug aus einer englischen Abenteuer-Geschichte von 1911 ist. Eine oder zwei solcher Parallelitäten könnte man dem Zufall zuschreiben, aber der belgische Autor Bertrand Meheust hat ein ganzes Buch mit ihnen gefüllt.[101] Es scheint sich dabei also um mehr als um einen Zufall zu handeln. Es ist eine Herausforderung, sich zu überlegen, wie man diese Ähnlichkeiten erklären könnte. Ungebildete argentinische Bauern kennen vermutlich keine 70 Jahre alten englischen Abenteuer-Geschichten. Es wurden einige recht ausgefallene Vorschläge zur Erklärung gemacht,[49] die meist von irgendeiner Art von »Bilder-Vorrat« ausgingen, aus dem beide Parteien ihr Material schöpften. Solche Prozesse implizieren notwendig, daß ein UFO-Erlebnis im Grunde eine subjektive Erfahrung ist, bedeuten aber nicht unbedingt, daß es keine reale Dimension hat. Ähnliche Schwierigkeiten bringt die Ähnlichkeit zwischen UFO-Erlebnissen und folkloristischen Geschichten mit sich. Entführungen durch Feen haben viel mit Entführungen durch Außerirdische gemeinsam, wie Vallée gezeigt hat.[152] Der französische Forscher Jean Bastide ist einer von vielen, die sich durch alte Chroniken gearbeitet und gezeigt haben, wie sich mit ein wenig gutem Willen viele Ereignisse in Historie und Sage, in den biblischen Geschichten und in den mündlichen Überlieferungen primitiver Gesellschaften als UFO-Vorfälle deuten ließen[9]. Obwohl oft von UFO-Forschern, die versuchen, eine lange, wenn schon nicht ehrenvolle Ahnenreihe für ihren Gegenstand aufzustellen, Ähnlichkeiten an den Haaren herbeigezogen werden, gibt es überzeugende Fälle in genügender Anzahl, um solches Beweismaterial nicht ganz auszuschließen.

Verbindungen zur heiligen Maria

Unabhängige Forschungen in Frankreich und Italien haben zweifelsfrei ergeben, daß ein statistischer Zusammenhang zwischen UFO-Beobachtungen einerseits und Erscheinungen der Heiligen Jungfrau Maria andererseits besteht.[97, 147] Der französische Forscher Gilbert Cornu hat gezeigt, daß 1947, in dem Jahr, in dem Kenneth Arnolds berühmte

Unterschrift: Die Literatur nimmt die Tatsachen vorweg. Illustration zu Frank Stocktons Geschichte »The Great Stone of Sardis« aus *Harper's Monthly,* New York, 1897. Die Geschichte deckt sich auffallend mit solchen Beobachtungen wie der von Cowichan (Fall 5), zu der der größte Unterschied darin besteht, daß das ältere Flugobjekt keine durchsichtige Kuppel hat. Der Lichtstrahl, von dem Cowichan nicht berichtete, ist in einem hohen Prozentsatz von Berichten über UFOs ein immer wiederkehrendes Merkmal, und das Objekt ist des Nachts über einem Haus schwebend dargestellt, wie das für gewöhnlich berichtet wird.

Beobachtung die Welt auf die fliegenden Untertassen aufmerksam machte, die Zahl von Berichten über Erscheinungen der Heiligen Jungfrau deutlich anstieg. 1954 gab es einen weiteren ungewöhnlichen Anstieg. Gleichzeitig herrschte in Frankreich und Spanien eine außergewöhnliche UFO-Welle.

Der Zusammenhang ist viel zu deutlich, um ihn dem Zufall zuzuschreiben. Aber was bedeutet er? Es gibt grundsätzlich drei Möglichkeiten:

* Die Jungfrau Maria ist für die UFO-Erscheinungen verantwortlich.
* Unter den UFOs gibt es auch Erscheinungen, die man mit der Jungfrau Maria verwechseln kann.
* Ein und dieselbe Ursache läßt manche Leute die Jungfrau Maria sehen, andere aber UFOs.

Davon lassen sich noch genauere Ausarbeitungen vorstellen. Ein Theoretiker, der glaubt, daß UFOs Werkzeuge des Satans sind, könnte anführen, daß die Jungfrau immer dann zusätzlich erscheint, wenn sich UfOs in besonders hoher Zahl zeigen, um dem diabolischen Einfluß entgegenzuwirken und ihre Verehrer zu trösten. Wie man sie auch deuten mag, die Verbindung ist jedenfalls ein wichtiges Beweisstück, und man muß es beachten.

Die Verbindung zur Geophysik

Diejenigen, die die »Geheimnisse der Erde« erforschen, haben schon lange behauptet, daß eine Verbindung zwischen UFOs und geophysikalischen Erscheinungen bestünde, und der französische UFO-Forscher Fernand Lagarde hat diese Ansicht durch seine Analyse französischer Beobachtungen gestützt.[97] Das führte zu einem ganzen Spektrum von Theorien, wissenschaftlich fundierten ebenso wie unverhohlen okkulten. Die folgenden Möglichkeiten gehören dazu:

- UFOs sind ein physikalisches Produkt von Erdkräften, vielleicht kugelblitzartiges Plasma, das durch piezoelektrische Wirkungen entsteht und in die Atmosphäre entweicht.
- UFOs unbekannter Herkunft werden von Orten, an denen sich Erdkräfte äußern, wie z. B. von Verwerfungen, angezogen, sie interessieren sich für sie, oder sie haben enge Beziehungen zu ihnen.
- Erdkräfte rufen in dem Augenzeugen einen geistigen Zustand hervor, der für UFO-Beobachtungen entweder günstig ist oder sie sogar hervorruft.

Bevor man nicht mehr Fakten kennt, kann ein solcher Ansatz nur spekulativ sein: aber es gibt Theoretiker, die glauben, daß man hier den Schlüssel zur Lösung des UFO-Rätsels finden wird.

Die Verbindung zum Raumfahrt-Zeitalter

Ein Aspekt des UFO-Phänomens, der so offensichtlich ist, daß er häufig übersehen wird, ist seine Verbindung mit unseren ersten tastenden Schritten in den Weltraum. Diese Verbindung kann entweder den außerirdischen oder den soziologischen Ansatz stützen. Einerseits wird vermutet, die Bewohner anderer Welten, die merken, daß die Menschheit kurz davor ist, dem »galaktischen Club« beizutreten, wollten sich natürlich vergewissern, ob wir annehmbare Mitglieder wären, und beobachteten uns deshalb.

Wer zu der Annahme neigt, daß UFOs auf irgendeine Weise das Ergebnis psychologischer Prozesse sind, sieht ihre Verbindung zum Raumfahrt-Zeitalter ganz anders. Wir sind heute alle weltraumbewußt. Das zeigen die Filme, die wir sehen, die Bücher, die wir lesen, und sogar die Werbung in Presse und Fernsehen. Deshalb ist der »Mythos« von fremden Besuchern, die uns erforschen, so wie wir sie zu erforschen vorhaben, eine starke emotionale

Quelle für Bilder und Symbole, aus der wir unsere Hoffnungen und Ängste, unsere Schuldgefühle und Träume nähren können. Im Zusammenhang mit der »Folklore-Verbindung« deutet dieser Ansatz die UFOs einfach als die dem Raumfahrt-Zeitalter gemäße Version einer die Jahrhunderte überdauernden Erscheinung: andere Zeiten hatten religiöse Mythen, Dämonen, Hexen, Feen usw. Wir haben heute das UFO und den fremden Besucher.

Zusätzlich zu diesen Parametern gibt es eine Anzahl von kleineren Unregelmäßigkeiten, die mit dem UFO-Phänomen in Verbindung gebracht werden, von denen wir manche schon erwähnt haben. Viele davon könnten sich als zweitrangig oder sogar völlig bedeutungslos erweisen. Aber solange man das nicht sicher weiß, darf man sie nicht aus der Analyse ausschließen.

* Die Anzahl von »Wiederholungs-Fällen«, in denen ein Augenzeuge bei mehreren Gelegenheiten UFOs sieht, scheint den statistischen Wahrscheinlichkeiten zu widersprechen. Heißt das, daß bestimmte Leute, oder bestimmte Typen von Leuten von UFOs »begünstigt« werden? Oder ist das ein Hinweis darauf, daß die UFOs Geistesprodukte dieser Zeugen sind?
* Es sieht aus, als ob es *»Fenster«regionen* gäbe, in denen sich Ufos häufiger als anderswo zeigen. Ist das eine Tatsache oder eine Täuschung? Wenn es eine Tatsache ist, ist sie geologischer, topographischer oder soziologischer Natur?
* UFOs scheinen in Wellen aufzutreten. Nochmals, ist das wirklich oder ist es ein soziales Phänomen?
* UFO-Erlebnisse in manchen Ländern unterscheiden sich von denen anderswo. So zeigen die Aufzeichnungen in Frankreich einen weit höheren Anteil von Landungs-Fällen als in den Vereinigten Staaten, während die Lateinamerikaner anscheinend von feindseligen und angriffslustigen Besuchern heimgesucht werden.
* Ist das Scheitern an dem Versuch, überzeugende photo-

graphische Beweise zu erbringen, ein technisches oder ein psychologisches Problem? Ist das angebliche »Verschwinden« von so vielen Original-Negativen und Dokumenten ein reales Phänomen oder ein Symptom des Verfolgungswahns, der die ganze UFO-Frage beherrscht?

* UFO-Beobachtungen scheinen einer Entwicklungslinie zu immer größerer Genauigkeit und Glaubhaftigkeit zu folgen. Auch wenn man die Luftschiffe von 1896 und die Geisterraketen von 1946 beiseite läßt, kann man eine Entwicklung der UFOs beobachten. Zuerst waren sie von weitem gesehene Scheiben. Später folgten hautnahe Begegnungen mit genau beobachteten Objekten (man vergleiche unseren Fall 55 – die Original-Beobachtung Arnolds – mit Fall 23 – dem Cash/Landrum-Erlebnis). Ähnlich wurden unglaubwürdige »Kontakte« von plausiblen »Entführungen« abgelöst. Zeigt sich darin eine wirkliche Entwicklung auf seiten derjenigen, die UFOs hervorrufen, oder sollte man es als die natürliche Eskalation eines Mythos ansehen?

* Das UFO-Phänomen als solches steht mit einer Reihe von anderen Anomalien in Zusammenhang. Die aufregendste davon ist die Geschichte von den »schwarzen Männern«. Typischerweise tauchen drei gutgekleidete Herren, die aussehen, wie man sich im allgemeinen amerikanische Geheimdienst-Agenten vorstellt, an der Haustür von UFO-Zeugen auf und maßen sich Befugnisse an, die sich später als ungerechtfertigt herausstellen. Häufig weist ihr Verhalten darauf hin, daß sie keine Menschen sind, und sie äußern Drohungen, die sich als leer erweisen. Es ist leicht, sie als Sagengestalten zu deuten – im Legendenschatz sind schwarzgekleidete Männer nichts Neues. Aber wenn das so wäre, folgt dann daraus, daß die UFOs, auf die sie sich beziehen, ebenso mythisch sind, oder sind sie mythische Schmarotzer, die sich auf einem realen Phänomen ansiedeln?

Die gleiche Frage könnte man sich angesichts anderer nicht-normaler Erscheinungen stellen. Ist es auch Verfolgungswahn, wenn UFOs mit einer rätselhaften Verstümmelung von Vieh in vielen Staaten der USA in Zusammenhang gebracht werden? Der Schriftsteller Frederick Smith aus Colorado[136] kam zu dem Ergebnis, daß die beiden Probleme in enger Beziehung zueinander stehen: »Vom Standpunkt des UFO-Freundes aus gesehen stellt uns das Phänomen der Vieh-Verstümmelungen vor einige bemerkenswerte Tatsachen und Probleme, über die wir schon lange hätten nachdenken sollen, es aber lieber sein ließen.« Eine andere merkwürdige Verbindung besteht zu dem »Yeti«, dem ungewöhnlichen menschenähnlichen Geschöpf, das anscheinend am Rande der Wirklichkeit existiert – und das zu oft im Zusammenhang mit UFOs gesehen wurde, als daß man die Verbindung in Zweifel ziehen könnte.[33] Aber *was für eine* Verbindung? Kommt der Yeti aus den UFOs? Oder haben UFOs ein Interesse an Yetis? Oder sind sowohl UFOs als auch Yetis Produkte eines tieferliegenden Vorgangs? Auch hier gibt es wieder eine Menge Möglichkeiten. Aber die Verbindung steht außer Frage, ebenso wie die mit dem »Mottenmenschen«, einem anderen »Wesen aus den äußeren Gefilden«, dessen Existenz erst noch nachgewiesen werden muß, von dem aber oft unter Umständen berichtet wurde, die einen Zusammenhang mit dem UFO-Phänomen nahelegen.[86]

Auf die eine oder andere Art müssen alle Zusammenhänge, die auf den letzten Seiten beschrieben wurden, bei einer Analyse des Beweismaterials für UFOs in Rechnung gestellt werden. Man ist versucht, den psychologisch/soziologischen Ansatz vorzuziehen, weil er eine Möglichkeit bietet, die Tatsachen-Seite des Problems beiseite zu lassen. Die Berichte von vielen, wenn nicht gar allen Erscheinungen können auf Verfolgungswahn zurückgeführt werden, auf soziale Ängste, auf das Trauma des Atomzeitalters usw. Das Problem wird auf diese Art sehr vereinfacht. Zwar kann der Psychologe zweifellos einige der Fragen beantworten, aber daß er alle Antworten hat, muß er erst noch beweisen. Es wäre verfrüht, sein Angebot einer einfachen Lösung anzunehmen.

Auf den folgenden Seiten werden wir uns deshalb mit dem *gesamten* Phänomen in seiner ganzen Vielschichtigkeit, mit all seinen Mehrdeutigkeiten und Albernheiten, seinen Unvereinbarkeiten und Widersprüchen auseinandersetzen. Wir werden von der Annahme ausgehen, daß alles Beweismaterial, das oben angeführt wurde, als mehr oder weniger genauer Bericht dessen, was der Zeuge beobachtet hat, angesehen werden kann. Obwohl wir annehmen, daß ein kleiner Teil davon auf das Konto von Fälschern und Lügnern geht und daß man einige andere Fälle als natürliche Erscheinungen erklären könnte, wenn man mehr Tatsachen wüßte, werden wir davon ausgehen, daß das Beweismaterial, das wir haben, uns eine annähernd genaue Beschreibung gibt.

Die meisten Erklärungen sind Variationen einer von fünf grundlegenden Hypothesen, mit denen UFOs erklärt werden als:

* natürliche Erscheinungen;
* künstliche Gegenstände irdischen Ursprungs;
* künstliche Gegenstände außerirdischen Ursprungs;
* psychologische Erscheinungen;
* kulturbedingte Erscheinungen.

Wir wollen der Reihe nach prüfen, wie unser Material in diese Erklärungen hineinpaßt.

UFOs als natürliche Erscheinungen

Sehr viele UFO-Beobachtungen sind Fehlinterpretationen mehr oder weniger vertrauter natürlicher Erscheinungen. Es ist ungelöst, ob manche von ihnen natürliche Erschei-

nungen sind, die der Wissenschaft bis jetzt noch unbekannt sind.
Es gibt zwei Kategorien von Erklärungsmodellen in dieser Richtung, die biologische und die meteorologische. Die genauesten Aussagen der ersten Kategorie stammen von Trevor James Constable (Fall 43), der Photos von quallenartigen Objekten in der Atmosphäre vorwies, die er mit Infrarot-Film aufgenommen hatte. Leider wurde seine Arbeit nie glaubhaft bestätigt, noch gab es zu ihrer Unterstützung Beweismaterial aus anderen Quellen.
Für eine meteorologische Erklärung sieht die Sache viel besser aus. Die mit unterschiedlichen Namen belegten »Geisterlichter«, von denen von bestimmten Orten auf der ganzen Welt häufig über längere Zeiträume hinweg berichtet wurde, sind offensichtlich ein Fall für Meteorologen. Betrachten wir den folgenden Fall.

Fall 69

Brown Mountain, North Carolina, USA *1951 berichtet*

Der Besitzer einer Tankstelle am Ort, einer von vielen, die versucht haben, die berühmten »Brown Mountain-Lichter« zu erklären, stieg eines Nachts mit einer Gruppe von Freunden auf den Berg. Nach vielen ergebnislosen Stunden, als sie gerade zurückkehren wollten, bildete sich wenige Meter über den Köpfen der Gesellschaft ein starkes Licht von der Länge seines ausgestreckten Armes. Es schwebte eine Weile bewegungslos und gab ein zischendes Geräusch von sich. Dann begann es zu pulsieren, wurde abwechselnd kürzer und länger und verschwand endlich.[15]
Die Tatsache, daß in manchen Fällen mehr als hundert Jahre lang über das Auftauchen derartiger Lichter berichtet wurde, legt die Suche nach einer rein geophysikalischen Lösung nahe. Aber gleichzeitig hat das Objekt zumindest scheinbar einen gewissen Grad intelligenter Lenkung ge-

zeigt, als es sich über den Köpfen der Forscher zeigte, sofern man nicht annehmen will, daß die Körperwärme oder sonstige körperliche Eigenarten der Menschen die Erscheinung automatisch anzogen. Das aber kann andere Fälle, die recht ähnlich zu sein scheinen, kaum erklären, wie z. B. das Erlebnis der Polizei in Hebron, wo man das Licht bei mehreren Gelegenheiten am gleichen Ort sah. Ein Kugelblitz wird oft als Erklärung angeboten,[91] aber das Verhalten der UFOs übersteigt alles, was man je von Kugelblitzen gehört hat,[8, 46] und man müßte eine sehr hoch entwickelte Form annehmen, um die Beobachtungen zu erklären. Wenn man bedenkt, daß Kugelblitze selbst eine so seltene Erscheinung sind, daß bis vor kurzem selbst Meteorologen an ihrem Vorhandensein zweifelten, ist die Annahme der Existenz einer noch selteneren Variante, die das gesamte UFO-Phänomen mit seinen Zehntausenden von Beobachtungen erklären soll, nicht gerade logisch. Das Material von Rutledge und seinem Team, von dem im ersten Kapitel die Rede war, ist wahrscheinlich der gewichtigste Hinweis auf die Existenz von intelligenten Lichtball-Objekten in der Atmosphäre, die keinerlei Merkmale von »Raumschiffen« tragen. Könnte solch ein Phänomen im folgenden Fall eine Rolle gespielt haben?

Fall 70 In der Nähe von Washington, DC, USA 1976

Die Augenzeugen, unter denen sich ein technisch erfahrener ziviler Angestellter einer militärischen Behörde befand, berichteten von zwei ungewöhnlichen Objekten am Mittagshimmel. Sie waren hell, rund und schienen zu leuchten. Sie wurden am wolkenlosen Himmel bei einer Fernsicht von etwa 30 Kilometer beobachtet. Es waren keine Flugzeuge, Ballons oder ähnliches zu sehen. Die Objekte sanken hintereinander »aus dem Nichts« herab und verweilten an einem bestimmten Punkt für eine Minute oder länger. Die Zeugen bemerkten schwache dunkle Ringe über dem hellen mittleren Teil der Objekte. Nach einer Weile führte das Objekt, das als zweites erschienen war, Zick-Zack-Bewegungen nach rechts und links aus, und stieg dann schnell nach oben. Wenige Augenblicke später stieg auch das andere Objekt schnell senkrecht in die Höhe. Beide verschwanden aus der Sichtweite.[39]

Wie der Berichterstatter dieses Falles, der selbst als Physiker für die Regierung der USA forscht, hinzufügte: »Es ist schwierig, zu entscheiden, was man von so einem Bericht halten soll.« Man könnte ihn halbwegs vernünftig zu entweder einem natürlichen oder einem künstlichen Objekt in Beziehung setzen, und wenn es keine Berichte von anderen UFOs gäbe, wäre es im wissenschaftlichen Sinn die ökonomischste Lösung, sich für die Möglichkeit einer natürlichen, wenn auch unbekannten, Erscheinung zu entscheiden.

Aber natürlich weist die größte Zahl von UFO-Beobachtungen, in denen das Objekt hinlänglich genau beschrieben wurde, eindeutig auf ein geformtes Objekt hin, das anscheinend künstlich hergestellt worden ist. Wenn die Berichte genau sind, widersetzen sie sich bis auf eine kleine Minderheit in allen Fällen der Erklärung als natürliche Phänomene.

Der Erdkräfte-Forscher Paul Devereux hat eine Möglichkeit vorgeschlagen, die Hypothese vom natürlichen Ursprung mit der *un*natürlichen Erscheinungsweise vieler UFOs zu vereinbaren.[44] Er behauptet, daß UFOs »nichtempfindungsfähige geophysikalisch hervorgerufene Erscheinungen sind – flüchtige Energietaschen oder sehr dünne Materie – die unter günstigen Bedingungen überall entstehen, besonders häufig aber in Gegenden mit geologischen Verwerfungen oder Störungen«. Devereux nimmt weiter an, daß »die Erscheinung der Erd-Entladung unter bestimmten ungeklärten Umständen als Träger von Vorstellungs-Bildern wirken kann, indem ihre Substanz die

Form der Bilder annimmt.« Die Vorstellungen entspringen nach Devereux dem Bewußtsein der Menschen – dem Hirn des Zeugen. Die UFOs nehmen die entsprechende Form an, indem sie ihre eigene Substanz anpassen. Das ist nicht weit entfernt von den Berichten der Theosophen über Feen, die, wie sie sagen, im Grunde formlose Geschöpfe ohne feste Gestalt sind, die ein bestimmtes feenhaftes Aussehen annehmen, von dem sie durch Gedankenlesen wissen, daß der Augenzeuge es erwartet.[63]
Diese Hypothese führt den Augenzeugen als »aktiven« Beiträger ein. Sie beantwortet nicht nur die unangenehme Frage, wie formlose natürliche Objekte für deutlich geformte gehalten werden können, sondern sie erklärt auch, warum so viele Zeugen so viele verschiedene Arten von UFOs sehen. Aber während sie diese Fragen beantwortet, läßt sie viele andere offen. Zum Beispiel erklärt sie nicht, warum manche von uns »erwarten«, fremde Raumschiffe zu sehen, aus denen schöne Raummenschen aussteigen, während andere langweiliges Nichts am Himmel sehen, wie oben im Fall 70. Betrachten wir daher den folgenden Fall:

Fall 71 *Dax, Frankreich* *4. 6. 1978*

Ein junges französisches Ehepaar, M. und Mme. Grammond, fuhren nachts eine Nationalstraße entlang, als sie plötzlich etwa hundert Meter vor sich auf der leeren Straße eine dunkle halbkugelige Masse sahen. Sie war so breit wie die Straße und ungefähr drei Meter hoch und hatte an der Spitze der Kuppel ein rotes Blinklicht. Obwohl sie weich und nebelhaft aussah, dachte der Fahrer, es müsse sich irgendein Unfall ereignet haben, und trat auf die Bremse. Der Motor ging kurz vor dem Objekt aus, aber das Fahrzeug bewegte sich immer noch mit beträchtlicher Geschwindigkeit weiter. Zu ihrem Erstaunen spürten sie nichts, als sie einfach mitten in das Objekt hineinfuhren, das plötzlich nicht mehr zu sehen war, als sie es »anstießen«. Es gab keinen Stoß, keine Hitze, kein Geräusch, keinerlei körperliche Beschwerden. Sie hielten einen Moment an und fuhren dann weiter.[97]

Das ist tatsächlich ein Fall, der auf den ersten Blick als geopsychischer Vorfall erklärt werden könnte, in dem wirklich und wahrhaftig eine geophysikalische Ausdünstung dem Fahrer in den Weg geriet und gleichzeitig seine Erscheinung so veränderte, daß beide zugleich das identische UFO-artige Objekt sahen. Aber die geopsychische Erklärung ist nur eine von mehreren möglichen, von meteorologischen bis zu psychologischen. So groß die Versuchung auch ist, sich an eine Hypothese zu halten, die so viel erklärt, muß man sich doch der Tatsache stellen, daß sie aus einer Menge Spekulation und keinerlei positivem Beweis besteht. Weil das so ist, müssen wir uns den Alternativen zuwenden.

UFOs als künstliche Gegenstände irdischen Ursprungs

In den ersten Jahren des gegenwärtigen UFO-Zeitalters, kurz nach dem Ende des zweiten Weltkriegs, lag die Annahme nahe, daß UFOs Geheimwaffen von konkurrierenden militärischen Mächten seien. Nach dem Waffenstillstand erhielten sowohl die Amerikaner als auch die Russen Zugang zu Informationen über weit fortgeschrittene Forschungen deutscher Wissenschaftler und konnten auch einige der Wissenschaftler selbst zu einem Handel überreden. Die Ergebnisse dieser Forschungen sind ein gutgehütetes Geheimnis, und vielleicht wurde den Nazi-Erfindern auch zu viel der Ehre angetan, weil ja die Weltöffentlichkeit zu einem Zeitpunkt von ihrer Arbeit erfuhr, zu dem sich die Siegermächte natürlich darüber ausschwiegen, über was für geheime Entwürfe sie verfügten. Jedoch ist schon allein die Erfindung der V1- und V2-Raketen ein schmerzlicher Beweis für ihr Können.

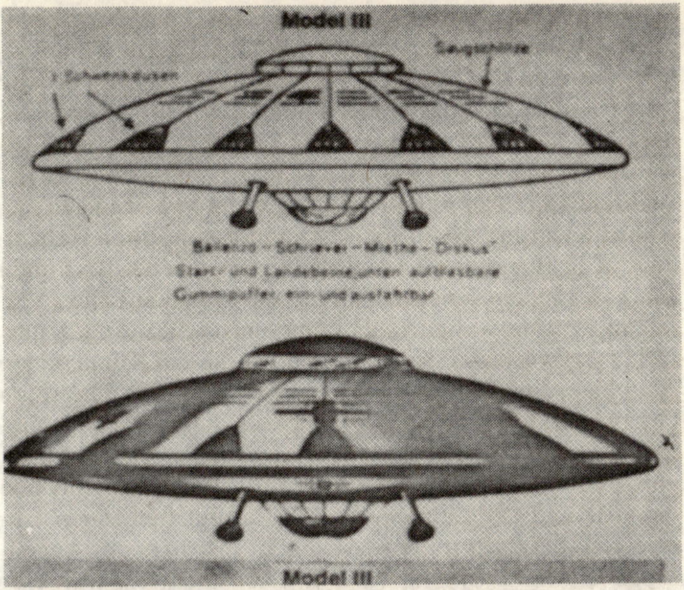

Deutscher Entwurf einer Scheibe; um 1944. Es wird behauptet, daß dieses Objekt oder eine Abwandlung davon tatsächlich erfolgreich geflogen ist. Es erreichte im Vergleich zu den Flugzeugen dieser Zeit sehr hohe Geschwindigkeiten, war aber schwierig zu lenken. Aus Mattern, *UFOs – Unbekanntes Flugobjekt,* Ontario, Kanada.

Unter den Entwürfen der Nazis war auch ein scheibenförmiges Flugzeug, von dem man sagt, es habe sich in Testflügen bewährt. Das hat manche auf die Idee gebracht, UFOs stammten in gerader Linie von den Waffen der Nazis ab.[155] Andere gingen noch weiter und verbreiteten das Gerücht, daß die Nazis schon vor dem Krieg geheime Stützpunkte in der Antarktis vorbereitet hätten. Nach dem Ende des Krieges in Europa wäre Hitler in einem U-Boot zu so einem

Stützpunkt gebracht worden. Dort hätte man Nazi-Kolonien errichtet und das scheibenförmige Flugzeug entwikkelt, aus dem das heutige UFO entstanden sei. Es arbeite jetzt friedlich, wie das immer Hitlers Absicht gewesen sei, der nur von seinen ränkevollen Feinden mißverstanden wurde.[100]

Während die Antarktis-Hypothese nur von wenigen geschluckt wurde, schien die Hypothese von einer Herstellung in Rußland zunächst einsichtig. Während der frühen Jahre des kalten Krieges nahmen die amerikanischen Verfolgungsängste bezüglich der kommunistischen Angriffslust viele merkwürdige Formen an, und in diesem Klima schien glaubhaft, daß die UFOs zum spürbaren Beweis der »roten Gefahr« erklärt wurden. Loren Gross' hervorragende Geschichte des UFO-Phänomens[69] zeigt, daß es in dieser Zeit von 1947 bis 1948 eine vieldiskutierte Frage war, ob sich das FBI und andere Sicherheitskräfte mit fliegenden Untertassen befassen sollten. Als im Herbst 1948 ein Augenzeuge die Beobachtung einer Scheibe meldete, wurde er einer Sicherheitsüberprüfung durch das OSI (Office of Special Investigations; die militärische Ermittlungseinheit) unterzogen. Nicht nur der Zeuge selber, sondern auch seine Arbeitskollegen und Bekannten wurden über seinen Charakter, seine Vertrauenswürdigkeit und natürlich seine Staatstreue befragt, als ob man die Beobachtung eines UFO als unamerikanische Tätigkeit hinstellen könnte.

Mit der Zeit wurde natürlich klar, daß keine andere irdische Macht für die UFOs verantwortlich sein konnte. Seltsamerweise wurde jedoch, wenn auch in anderer Form, die Antarktis-Hypothese wiederbelebt. Mehr als ein Bericht über Kontakte (zum Beispiel Anm. 11) erwähnte außerirdische Stützpunkte in der Antarktis, ebenso wie vor der südamerikanischen Küste und – natürlich – im »Bermuda-Dreieck«.[121] Andere vermutete Standorte für Stützpunkte sind Korsika[32] und Stack Rock vor der walisischen Küste.[117] Irdische Hypothesen haben jedoch einen großen

Vorteil. Sie schließen nicht unbedingt außerirdische Besucher ein. Eine Denkrichtung vertritt z. B. die Meinung, UFOs kämen aus dem Himalaya, der ja eine bewährte Quelle ausgefallener Weisheit ist, die von denen hoch geschätzt wird, die den Materialismus des Westens ablehnen.[56] Schon diese Tatsache gibt Grund zu einem Einwand: während der westliche Materialismus Computer, die Concorde und Digitaluhren hervorgebracht hat, scheint sich die orientalische Weisheit eher auf Gurus und Meditation zu spezialisieren, was schlecht zu hochtechnologischen Entwicklungen wie dem UFO paßt.

Vielleicht haben aus diesem Grund andere Verfechter eines irdischen Ursprungs den alten Mythos von der Hohlerde wiederbelebt und die UFOs einer unterirdischen Zivilisation zugeschrieben. Man nimmt an, daß sie durch Löcher an den Polen herauskommen.[14, 99, 145]

Die Vorstellung von einem weniger exotischen irdischen Ursprung wurde aber nie völlig aufgegeben. Als die außerirdische Hypothese zum ersten Mal formuliert wurde, wischte sie alle vorher dagewesenen vom Tisch. Aber in letzter Zeit konnte eine eher weltliche Erklärung ihr Comeback feiern, vor allem aufgrund von Vorfällen wie dem von Cash/Landrum (Fall 23). Die Theorie von einem »Geheimprojekt« hat durch Enthüllungen, die nach dem Gesetz zur Informationsfreiheit in den Vereinigten Staaten gemacht wurden und die einen von vielen UFO-Forschern lang gehegten Verdacht bestätigten, noch weiteren Auftrieb bekommen. Nachdem sie jahrzehntelang als Symptom von Verfolgungswahn verpönt war, glaubt man heute, daß die »Verschwörungstheorie« ein Quentchen Wahrheit enthält. Die amerikanische Regierung wird von ihren eigenen Dokumenten überführt, die Öffentlichkeit über den Grad ihres Interesses an UFOs belogen zu haben. Watergate und andere Regierungsskandale haben die Glaubwürdigkeit der Behörden nicht gerade erhöht, und die Tatsache, daß immer noch Dokumente vor der Öffent-

lichkeit aus Gründen der nationalen Sicherheit zurückgehalten werden, unterstützt Behauptungen über eine Fortsetzung der Vertuschungspolitik.
Mit dieser Sache stehen möglicherweise die Untersuchungen in Fällen von vermutlich »abgestürzten« Untertassen im Zusammenhang. Der Altmeister der UFO-Forschung, Leonard Stringfield, sammelt gerade Material, das eine Anzahl von Ereignissen überzeugend belegt, zu denen auch Abstürze und/oder Landungen fliegender Objekte gehören, und die damals von den Behörden der Vereinigten Staaten mit großem Aufwand geheimgehalten wurden. Die Fälle sind immer noch ungeklärt, obwohl sich einige bereits vor über 30 Jahren ereigneten. Obwohl die meisten Forscher glauben, daß diese Ereignisse mit außerirdischen Objekten zusammenhängen, könnten sie genausogut etwas mit geheimen Regierungsprojekten zu tun haben. Aber warum muß die Regierung der Vereinigten Staaten heute noch ein Geheimnis um einen Flugkörper machen, der vielleicht in den 40er Jahren irgendwo in der mexikanischen Wüste verschwunden ist?[13, 143]
Es muß sich noch zeigen, was für ein Feuer hinter all dem Rauch steckt, aber zweifellos geht etwas Merkwürdiges vor. Ein neueres Ereignis aus Rußland zeigt auf lustige Weise, was für Mißverständnisse aus dem Konflikt zwischen UFO-Forschung und politischem Kalkül erwachsen können:

Fall 72 *Petrozavodsk, Rußland* *20. 9. 1977*

Viele Einwohner sahen ein »riesiges glühendes Quallen-UFO« über der Stadt schweben, das bei vielen der Beobachter emotionale Reaktionen hervorrief. Man konnte schon von weitem sehen, wie es sich zu einem Standpunkt über der Stadt bewegte, wo es in der Schwebe blieb und die Stadt mit feinen Strahlen besprühte, die wie Regen aussahen. Dann nahm das Objekt die Form eines leuchtenden Halbkreises an, dann die einer Lichtmasse mit roter Mitte und weißen Rändern. In dieser Gestalt bewegte es sich weiter und verschwand endlich nach zehn oder zwanzig Minuten Beobachtungszeit. Man erzählte Geschichten, daß die Strahlen Löcher in Gehwege und Fenster gebohrt hätten. Ein Arzt berichtete, daß ein Krankenwagen aufgrund elektromagnetischer Wirkungen außer Kontrolle geraten wäre. Viele befürchteten, die Stadt hätte einen nuklearen Angriff erlebt.

Die russischen Behörden gaben zu dem Vorfall keine öffentliche Stellungnahme ab, und ihr Schweigen wurde in weiten Kreisen als stillschweigendes Einverständnis mit der volkstümlichen Vorstellung angesehen, es wäre ein UFO gewesen. Forschergruppen in Amerika vermuteten jedoch eine weltlichere Erklärung, und sie identifizierten das Objekt ohne viel Mühe als geheimen Satelliten-Start von Plesetsk aus. Obwohl die russischen Behörden offiziell die Existenz von UFOs abstreiten, haben sie lieber UFOs als mögliche Erklärung gelten lassen, als daß sie geheime Informationen über ihre Aktivitäten im Weltraum preisgegeben hätten.[115]

Satelliten und Flugkörper standen schon immer bei jedem Forscher ganz oben auf der Liste der Erklärungsmöglichkeiten. Das UFO von Petrozavodsk war nicht mehr als eine leuchtende Form am Himmel. Kein ernsthafter UFO-Forscher hielt es zu irgendeinem Zeitpunkt für ein fremdes Raumschiff. Der Fall von Cash/Landrum ist ein weiteres Beispiel (Fall 23). Läßt hier die Regierung der Vereinigten Staaten die Öffentlichkeit eher in dem Glauben, es handele sich um ein UFO, weil sie nicht zugeben will, daß sie Versuche mit so beängstigenden Vorrichtungen anstellt? Und war etwas Ähnliches bei dem Erlebnis von Farlow im Spiel, bei dem das britische Verteidigungsministerium mit Sicherheit eingeschaltet wurde, zu dem es aber nie eine öffentliche Erklärung abgab?

Wie lange könnten andererseits solche Objekte geheimgehalten werden, bevor ein noch nicht mundtot gemachter Journalist eines beim Start oder bei der Landung sieht, oder bis ein Ereignis eintritt, das nicht anders erklärt werden *kann*? Die Hypothese vom irdischen Ursprung der UFOs verlangt von uns viel Bereitwilligkeit zu glauben. Man müßte annehmen, daß irgendwo auf unserer vielbereisten Erde eine Nation mit außerordentlich hohem technischen Entwicklungsstand lebt, die mit allem Erforderlichen wie Fabriken, Rohstoffen, Arbeitskräften usw. ausgestattet ist, damit sie Flugmaschinen von oft gewaltiger Größe bauen, aufbewahren und betreiben kann, ohne daß sie ihren Ursprungsort verraten. Weiter müßte man annehmen, daß diese Nation die Maschinen Jahr für Jahr am Himmel herumfliegen ließe, ohne in friedlichen oder militärischen Kontakt mit anderen Staaten zu treten, sondern nur selten mit einzelnen Individuen. Daß sie die strategische Macht, die ihnen ihre überlegene Technik gibt, nicht einsetzen wolle und sie trotzdem offenbar auch für keinen anderen Zweck benütze, müßten wir dann auch noch glauben.
In allen diesen Punkten wäre das Verhalten dieser Nation seltsam von dem verschieden, das man normalerweise von Menschen kennt. Es ist angenehm, sich vorzustellen, daß sich in der Antarktis oder im Himalaya oder im Erdinnern eine Zivilisation entwickelt hat, die uns nicht nur technisch, sondern auch moralisch überlegen ist. Aber die Chancen für so ein Shangri-La des Weltraumzeitalters sind leider nur zu gering.

UFOs als künstliche Gegenstände außerirdischer Herkunft

Die Hypothese, daß UFOs das ankommende Gegenstück zu unseren abreisenden Raumschiffen sind, ist die weitaus verbreitetste und volkstümlichste. Es erscheint logisch, daß die Völker von anderen Welten an einem Besuch bei uns genauso interessiert sind wie wir an einem Besuch bei ihnen. Es ist verständlich, wenn unser Eintritt in die Gebiete der Kernkraft und Raumfahrt für andere Völker von Interesse ist. Sie könnten sogar bis zu unserem vergleichsweise neuen technologischen Entwicklungssprung von unserer Existenz noch gar nichts gewußt haben, denn erst mit dem Radio und anderen Strahlungsarten sind wir fähig, Lebenszeichen auszusenden, die in einer hinreichend weiten Entfernung auch aufgefangen werden können. Selbst wenn sie schon früher von unserer Existenz gewußt oder sie vermutet hätten, könnten sie von einer Kontaktaufnahme abgesehen haben, während wir uns noch in einem relativ primitiven Entwicklungsstadium befanden. Jetzt aber könnten sie ein Interesse daran haben, unsere Eignung für die Mitgliedschaft im »galaktischen Club« zu prüfen.

All das sind gewichtige, logische Argumente. Aber es sind auch sehr menschliche Argumente. Sie setzen voraus, daß eine fremde Zivilisation sehr ähnliche Argumentationsstrukturen hätte wie wir. Das könnte tatsächlich zutreffen, aber man darf das nicht einfach annehmen. Jegliche Ähnlichkeit zwischen ihnen und uns, ob körperlicher, geistiger oder psychologischer Art, könnte schon mehr sein, als man erwarten darf, und ist ganz sicher mehr, als man für selbstverständlich nehmen darf. Das Beweismaterial für die außerirdische Hypothese muß deshalb mit größter geistiger Offenheit beurteilt werden.

Die Mehrzahl der UFOs, insofern sie überhaupt beschreibbar sind, werden als strukturierte Objekte mit einer bestimmten Form und Kennzeichen einer Planung beschrieben. Das heißt, sie sehen aus, als ob sie jemand hergestellt hätte. Und weil es, wie wir gesehen haben, unwahrscheinlich ist, daß sie von jemandem hier auf der Erde gemacht wurden, müssen sie folglich von irgendwem irgendwo im Weltraum gebaut worden sein.

Leider muß die einfache Logik dieses Gedankenganges

sich mit einigen gewichtigen Einwänden auseinandersetzen, die diese Objekte selber betreffen, z. B. was sie tun, woher sie kommen und welchen Zeitpunkt sie gewählt haben, um sich zu zeigen. Wir wollen diese vier Punkte der Reihe nach behandeln.

* Es ist vorstellbar, daß UFOs Raumschiffe sind. Sie sind unseren Raumschiffen nicht sehr ähnlich, aber das kann man auch nicht erwarten; und viele von ihnen scheinen auch für die Begriffe irdischer Ingenieurkunst sinnvoll. (Mehrere Ingenieure haben sich damit vergnügt, Mutmaßungen über die Technologie der UFOs anzustellen, die auf den Berichten von Zeugen basieren. Siehe z. B. Anm. 23, 40, 118, 160.) Verwirrender ist die große Zahl verschiedener Formen und Größen. Es wurde ein Vergleich gezogen zu der Vielzahl von Automodellen auf unserem Planeten. Aber kann man annehmen, daß interplanetarische Raumschiffe ebensosehr von Geschmack und Laune abhängen wie Individual-Verkehrsmittel?

UFO-Forscher haben diese Vielfalt auf verschiedene Arten erklärt. Der amerikanische Forscher Wendelle Stevens, der eine große Sammlung angeblicher UFO-Photos besitzt, stellte fest, daß »unter diesen über tausend Fällen weniger als fünf sind, bei denen sich zwei unterschiedliche Berichte auf dasselbe Fahrzeug zu beziehen scheinen«, und er folgert daraus, daß »man fast zur Annahme einer außerirdischen Hypothese oder einer über andere Welten gezwungen ist«.[138] Tom Comella behauptet andererseits, daß »das Beweismaterial für fliegende Untertassen mehr verschiedene Typen von Objekten und Wesen enthält, als die Theorie von den physikalischen Raumschiffen logisch erklären kann«,[36] während der einzelgängerische Kommentator John Keel erklärte, daß es zwei Möglichkeiten gebe: »Entweder wurde jedes Objekt einzeln konstruiert und nur einmal verwendet, oder keines der Objekte hat in Wirklichkeit überhaupt existiert.«[88]

Seit diesem letzten Kommentar sind zwölf Jahre vergangen, und während dieser Zeit haben wir uns damit abgefunden, daß jeder Versuch, UFOs in den Begriffen des uns geläufigen Wissens zu erklären – sei das nun Ingenieurwissen oder das einer anderen wissenschaftlichen Disziplin – wahrscheinlich unzulänglich ist. Aber natürlich ist die Vielzahl der Erscheinungsformen von UFOs eines ihrer grundlegenden Merkmale und muß deshalb eines der ersten Elemente sein, über die eine Hypothese gebildet wird.
Ähnlich darf man sich nicht zu sehr davon beeindrucken lassen, daß UFOs scheinbar gegen Unfälle und Pannen gefeit sind. Es gibt viele Fälle, in denen sie gelandet sind und sich ihre Insassen offenbar mit Reparaturen beschäftigt haben, aber es ist, wie Meheust angedeutet hat,[101] etwas daran verdächtig, daß sie jedesmal rechtzeitig mit der Reparatur fertig werden. Die Pendler am nächsten Morgen fahren nie an gestrandeten Ufonauten mit ölverschmierten Gesichtern und schmutzigen Händen vorbei, die immer noch nach einer versteckten Pannenursache suchen.
Es gibt viele Fragen über die UFOs selber, auf die wir gerne eine Antwort hätten. Warum sieht man einen bestimmten Typ eine Zeitlang und dann nicht mehr? Warum haben manche Kuppeln und Fenster, die auf Insassen hinweisen, während andere hermetisch geschlossen zu sein scheinen? Warum haben manche lärmende, flammende Heizkessel, während andere keine erkennbaren »Energieeinheiten« haben? Warum sind manche mit farbigen, blitzenden Lichtern bedeckt, während andere graue Formen sind, die unauffällig am Himmel fliegen?
Sicherlich gibt es gute und vernünftige Antworten auf diese Fragen, aber vielleicht müssen wir einige unserer menschlichen Vorurteile fallenlassen, bevor wir dazu bereit sind, sie gelten zu lassen. Und das gleiche gilt für ihre offenbare Unabhängigkeit von den »Naturgesetzen«, wie wir sie gerne nennen, jenen physikalischen Bewegungsgesetzen,

über die wir auf der Erde uns noch nicht hinwegsetzen können. Von den UFOs wird berichtet, daß sie sich mit sehr hoher Geschwindigkeit bewegen – und dann plötzlich stillstehen. Sie machen abrupte 90-Grad-Wendungen. Sie schweben lange Zeit über dem Boden. Dann schießen sie mit blitzschneller Beschleunigung davon. Sie tauchen anscheinend aus dem Nichts auf und verschwinden ebenso wirkungsvoll wieder. Sie verändern ihre körperliche Form und Größe, und sie scheinen die Fähigkeit zu besitzen, sich mitten in der Luft zu teilen und wieder zu verbinden.

All das erschien typischerweise in den Berichten, wie wir in unserer Übersicht über das Beweismaterial gesehen haben, und es ist in Verbindung mit scheinbar festen, strukturierten Maschinen berichtet worden. Wenn man die Maschinen als Tatsache anerkennt, muß man auch das als Tatsache akzeptieren, was von ihren Fähigkeiten berichtet wird. Und man braucht dabei gar nicht lange zu zögern. In der Vergangenheit haben Fachleute festgestellt, daß der menschliche Körper Geschwindigkeiten über 50 km/h nicht aushalten könnte, daß schwerere Gegenstände als Luft unmöglich fliegen könnten und daß die Idee eines Flugs zum Mond »purer Unsinn« sei. Der Reihe nach wurde all das widerlegt. So wird es wohl auch denjenigen ergehen, die heute die Grenzen festlegen wollen. Sicherlich brauchen wir noch eine Menge Erklärungen, aber die Objekte kennzeichnet nichts, was mit einem außerirdischen Ursprung grundsätzlich unvereinbar wäre.

* Das Verhalten der UFOs läßt sich nicht so leicht in Einklang mit der außerirdischen Hypothese bringen, aber es läßt sich auch mit keiner anderen Hypothese leicht vereinbaren. Die Objekte, die hoch am Himmel gesehen werden, schwirren mit der Ziellosigkeit von Fliegen umher. Diejenigen, die sich der Erde nähern, scheinen kaum zweckgerichteter zu handeln. Nehmen wir als ein Beispiel unter vielen die Sache mit den Lichtern. Wenn eines unserer Flugzeuge die Beleuchtung

einschaltet, hat das einen Sinn. Es soll das Flugzeug gegenüber anderen sichtbar machen, Informationen übermitteln oder als Hilfe bei der eigenen Navigation dienen. Manchmal stehen die Lichter in Verbindung mit ihrer Antriebsart – der Feuerstoß einer Düsenmaschine zum Beispiel – oder mit ihrer Einsatzart – wie erleuchtete Kabinenfenster. Aber wie man sehen konnte, verfahren UFOs mit ihren Lichtern auf ganz andere Art, lassen sie der Reihe nach aufleuchten, ändern ihre Farben, pulsieren, blinken, rotieren ...

Das ist eines der vielen Merkmale im Verhalten von UFOs, das die nachdenklicheren unter den UFO-Forschern zu der Annahme gebracht hat, daß sich hinter ihnen etwas schwerer Verständliches verbirgt. Sie meinen, daß die UFOs absichtlich eine Art Vorstellung geben, vielleicht als scherzhaftes oder forschendes Rätsel, oder daß sie das vielleicht aus dem gleichen Grund tun wie der Ausstatter eines Raumfahrtfilms, der die Kabine des Raumschiffs »Enterprise« mit einem Sammelsurium an bunten Blinklichtern ausrüstet, um damit zu sagen: »Bestaunen Sie unsere komplizierten Maschinen!« Aber was wollen die UFOs damit sagen?

Und warum sind manche von ihnen so erpicht darauf, ihre Anwesenheit bekanntzugeben, während andere sich ganz unauffällig verhalten (ganz zu schweigen von denen, die es schaffen, überhaupt nicht gesehen zu werden, falls es das gibt)? Lenken uns die einen ab, während die anderen sich ernsthafteren Tätigkeiten widmen? Aber *was* für Tätigkeiten? Es wird behauptet, daß UFOs überdurchschnittlich häufig in der Nähe von Energiegewinnungs-Anlagen, Forschungsstätten oder Raketenstützpunkten gesehen werden. Aber auch wenn das stimmt, betrifft das nur einen kleinen Bruchteil ihrer Gesamtzahl. Wozu sind die anderen da? Alles, was man über diesen merkwürdigen Mangel an Zweckgerichtetheit sagen kann, ist, daß er zwar die außerirdische Theorie nicht stützt, aber eben auch keine andere.

* In der Frage, woher die UFOs kommen, ließ man zu, daß die Diskussion durch eine vermenschlichende Betrachtungsweise voreingenommen geführt wurde. Kritiker wenden ein, daß fast jede interstellare Reise viele Lichtjahre, oft mehrere Lebensspannen lang, dauern würde. Andere antworten, daß es naiv wäre, sich die Dauer einer Raumreise als buchstäblich reale Zeit vorzustellen. Zum Beispiel behaupteten die angeblichen Besucher von UMMO, daß sie »Raumfalten« als Abkürzungen benützten.[128] Selbst wenn die Verbindungen zu UMMO sich als Fälschungen herausstellen sollten, zeigen sie doch eine Möglichkeit, die man nicht ausschließen darf.

Ein anderer Einwand ist, der Zufall sei zu merkwürdig, um glaubhaft zu sein, daß die UFOs uns gerade während des winzig kleinen Zeitabschnitts in der Geschichte besuchen, zu dem die Erde von einer zivilisierten Gattung bewohnt wird. Ich stimme zu. Aber könnte man sich nicht eine fremde Kultur vorstellen, die das Universum nach Zeichen für andere Zivilisationen absucht und die technischen Möglichkeiten besitzt, uns zu besuchen, während es uns gibt?
Eine wertvolle Informationsquelle zu diesem Thema wären die UFO-Insassen selber, und eine der ersten Informationen, die ausgetauscht werden, wenn ein Erdenmensch mit einem Außerirdischen in Verbindung tritt, ist die, wo er herkommt. Leider scheint jedes UFO von woanders herzukommen. Manchmal kommen sie von uns bekannten Sternensystemen, am beliebtesten sind immer die relativ nahen Alpha und Proxima Centauri. Manchmal kommen sie von unbekannten Himmelskörpern wie dem Planeten Clarion, der Heimat von Aura Rhanes, der Raumheldin von Truman Bethurums bemerkenswerter Kontakt-Geschichte.[16] Sie erzählte ihm, es sei nicht überraschend, daß wir Erdenbürger nichts von Clarions Existenz wüßten, da er sich auf der anderen Seite des Mondes befinde und deshalb von hier aus nicht sichtbar sei ... Der UMMO-Fall ist übrigens

der einzige mir bekannte, der sich mit der handfesten Schwierigkeit auseinandersetzt, wie ein fremder Besucher denn erklären soll, wo er herkommt, wo wir doch keine Namen oder Bezugszahlen gemeinsam haben – und im All gibt es keine Orientierungspunkte für den Kompaß!
Die außerirdische Hypothese kann die meisten der komplizierenden Faktoren erklären, von denen oben in diesem Kapitel die Rede war. Die übersinnliche Verbindung kann mit der Annahme erklärt werden, die Fremden besäßen übersinnliche Kräfte, und den Rest der Erscheinungen kann man den psychologischen Nebenwirkungen der Erfahrung einer Beobachtung zuschreiben. Die Verbindung zur Folklore kann leicht als der Versuch unserer Vorfahren gedeutet werden, sich die außerirdischen Besucher zu erklären. Zu leicht sogar, denn das hat zu vielen abwegigen Theorien in der Art wie: »Unsere Vorfahren stammten aus dem All« geführt.[109]
Die Verbindung zur Jungfrau Maria läßt sich durch die Annahme stützen, daß die Jungfrau in Wirklichkeit ein Wesen aus dem Weltraum war, obwohl es nicht leicht ist zu erklären, wieso Personen aus dem All ausgerechnet einem demographisch so begrenzten Teil der Bevölkerung erschienen sind, wie das unterprivilegierte junge Mädchen in rückständigen katholischen Gemeinden sind. Der geophysikalischen Verbindung wird man mit Erklärungen gerecht, die vom handfest Materiellen – die UFOs benützen ein Gitternetz auf der Erde zur Navigation, oder sie nehmen aus natürlichen Energiequellen Kraftstoff auf – bis zum Okkulten reichen. Auf dieser Ebene kann man es mit allem möglichen von der Geomantik bis zum Heiligen Gral zu tun bekommen, wobei Drachen als allgemeine Katalysatoren fungieren.[108, 77]
Was die außerirdische Hypothese ernsthaft nicht erklären kann, sind unsere Fälle 7 bis 10: die Phantom-Jäger, Geisterraketen und andere UFOs der Vergangenheit sowie eine Reihe von Randerscheinungen, die anscheinend nur

eines gemeinsam haben, nämlich eine ausgeprägte »Sieh-mich-an-Haltung«, die manche Theoretiker zu der Annahme verleitet hat, die UFOs »zögen eine Schau ab«, aus Gründen, auf die wir später zu sprechen kommen.
Ich glaube nicht, daß ein objektiver UFO-Forscher abstreiten würde, daß von allen verfügbaren die Hypothesen von den außerirdischen Besuchern das Beweismaterial am besten erklärt, trotz einer Menge von Widersprüchen, Ungereimtheiten und Unvereinbarkeiten. Aber es gibt noch einen Einwand, den schwerwiegendsten von allen: er besagt, daß nach über 30 Jahren intensiver Forschung, während denen die außerirdische Hypothese eine beherrschende Rolle spielte, es immer noch nicht den kleinsten Beweis gibt, der sie unzweifelhaft belegte. Man kann gelten lassen, daß sie mehr Aspekte besser erklärt als jede der anderen vorgeschlagenen Hypothesen, aber sie bleibt doch nur eine Mutmaßung.

UFOs als psychologische Erscheinungen

Kein unvoreingenommener UFO-Forscher zweifelt daran, daß sehr viele Berichte über UFOs von psychologischen und/oder übersinnlichen Prozessen im Zusammenhang mit dem Zeugen verursacht oder zumindest beeinflußt werden. Die Frage ist, ob diese Prozesse zu dem Phänomen gehören, weil sie es entweder hervorrufen oder zumindest in der Form, in der es gesehen wird, erscheinen lassen, oder ob sie einfach ein Nebenprodukt des Phänomens sind und uns nichts über die UFOs, sondern nur etwas über den angeblichen Augenzeugen sagen.
Für den Anfang kann man davon ausgehen, daß das letzte manchmal der Fall ist. Es ist keine Frage, daß manche Zeugen eine natürliche Erscheinung oder einen alltäglichen künstlichen Gegenstand sehen und sie allen Ernstes für ein fremdes Raumschiff halten (siehe die Fälle 66 und

68). Man kann vernünftigerweise annehmen, daß durch irgendeinen unbewußten Vorgang die persönlichen Vorurteile, Hoffnungen oder Befürchtungen des Zeugen auf den unschuldigen Planeten Venus projiziert werden.
Ein solcher Ansatz wurde von dem Schweizer Psychologen C. G. Jung in einen größeren Zusammenhang gestellt, dessen Buch *Ein moderner Mythos: Von Dingen, die am Himmel gesehen werden*[83], obschon bereits 1959 geschrieben, als man noch sehr viel weniger über das Phänomen wußte als heute, erstaunliche Einblicke in die Bedeutung der scheibenförmigen Objekte aus dem All für die Menschheit in einer entscheidenden Phase ihrer Entwicklung bietet. Man kann sich gut vorstellen, daß, wenn ein Zeuge etwas Visionäres auf die Außenwelt projizieren will, um seine Hoffnungen und Befürchtungen zu symbolisieren, ein fremdes Raumschiff angemessen ist. Die Gestalt eines solchen Raumschiffs kann in unserem Unterbewußtsein gut eine archetypische Resonanz finden, wie das Jung von scheibenförmigen Objekten behauptet.
Aber *erschaffen* die Zeugen tatsächlich das UFO, das zu sehen sie ein Bedürfnis haben? Die meisten Verfechter des psychologischen Ansatzes würden vor einer solchen Behauptung zurückschrecken. Für gewöhnlich bieten sie eine der folgenden möglichen Antworten an:

* Der Anblick von etwas Seltsamem und Unerklärlichem kann unter bestimmten Bedingungen – zum Beispiel, wenn sich der Zeuge in einem Zustand der Angst, der Erwartung, der Niedergeschlagenheit oder ähnlicher Gefühle befindet – den Eintritt des Zeugen in ein dissoziiertes Stadium veranlassen, in dem das Unterbewußte die Oberhand gewinnen und die Realität durch eine Illusion ersetzen kann. Der Entwurf zu dieser Illusion ist auf das Unterbewußtsein des Zeugen zugeschnitten (möglicherweise von den gleichen Zentren, die auch seine Träume hervorrufen) und wird deshalb in einigen

Zügen für ihn persönlich charakteristisch sein, er bezieht aber auch verschiedene Wesenselemente mit ein, die der Zeuge mit seinen Mitmenschen teilt. Deshalb wird er einen Bericht von einem Vorfall liefern, der dem von anderen Augenzeugen hinreichend ähnelt, um anscheinend in eine bekannte Kategorie von Erscheinungen zu passen, der aber ebenfalls hinreichend »personalisiert« ist, um den Glauben zu stützen, es handele sich um ein wirkliches Ereignis.[49, 124]

Das ist ein bekannter psychologischer Vorgang, der zweifellos in verschiedenen Zusammenhängen abläuft; man kann ohne zu zögern annehmen, daß er sich auch im Zusammenhang mit UFOs abspielen kann. Aber trotzdem kann man mit ihm nicht die Fälle erklären, in denen mehr als eine Person dasselbe Ding gesehen hat, und deshalb waren die Theoretiker gezwungen, die Vorstellung einer kollektiven Halluzination oder einer telepathischen Halluzination einzuführen, für die es wenige, wenn überhaupt einen Beweis gibt. Noch mehr Findigkeit erfordert die Anwendung der Hypothese auf Fälle, in denen es eine Bestätigung durch Instrumente oder sonst etwas Nicht-Menschliches gibt. Kurz, dieser Prozeß mag sich zwar als die Erklärung für bestimmte Arten von Fällen erweisen, er ist aber bestimmt nur für die Erklärung eines kleinen Teiles angemessen.

* Andererseits könnte die Illusion von dem Objekt selbst hervorgerufen worden sein oder von denen, die seine Ursache sind. Das UFO könnte eine Halluzination sein, die von einer Instanz, über die wir nur spekulieren können (der Teufel? mutwillige Geister? kosmische Drahtzieher?), hervorgerufen wurde. Oder das an sich formlose UFO kann selber seine Gestalt an die Erwartung anpassen, die es im Geist des Zeugen lesen kann. Diese Überlegung wurde von denen aufs heftigste ver-

treten, die UFOs in einem mystischen Sinn deuten. Für diese Denker ist ihre Gestalt symbolisch, ihre körperliche Erscheinung ist geistige Enthüllung, und ihr Zweck ist es, uns auf die Existenz einer anderen Wirklichkeitsebene hinzuweisen.[154]

Aber wenn das alles ist, was hinter den UFOs steckt, könnte man erwarten, daß ein allen UFO-Beobachtungen gemeinsames Merkmal zu erkennen wäre. Das könnte ein Kennzeichen des Augenzeugen sein – irgendein psychologischer Zug, der allen gemeinsam ist – oder der Umstände der Beobachtung. – Vielleicht befanden sich die Zeugen alle in einem günstigen psychologischen Zustand, sozusagen auf der richtigen Wellenlänge, um das Signal zu empfangen. Vielleicht gibt es so einen gemeinsamen Faktor, aber er muß dann sehr schwer faßbar sein. UFO-Ereignisse scheinen allen Arten von Leuten in allen Arten von Zuständen zuzustoßen. Es gibt ebenso viele halb schlafende oder gedankenverlorene Zeugen wie vom UFO mitten im Leben überraschte.
Es stimmt, daß man Ideen wie diesen nachgehen sollte. Auch wenn sie nur unsere Gedanken auf solche Möglichkeiten richten, haben uns die UFOs einen Dienst erwiesen. Zweifellos ist ein Teil der UFO-Beobachtungen nicht mehr als ein Ereignis in der psychologischen Geschichte des Zeugen. Aber wenn man zugibt, daß UFOs eine psychologische Dimension haben, muß das nicht heißen, daß das ihre einzige Dimension wäre.

UFOs als kulturbedingte Erscheinungen

Was es so schwermachte, den Geschichten von Adamski und den anderen Kontaktpersonen zu glauben, war ihre Behauptung, daß sie von ihren Kontaktleuten einzeln »auserwählt« worden wären. Es ist viel leichter, einem Entführ-

ten zu glauben, der sich einfach zur falschen Zeit am falschen Ort befand. Zudem zeigt die Tatsache, daß UFO-Erlebnisse irgendwelchen Leuten irgendwo zustoßen, daß psychologische Theorien nur sehr begrenzt anwendbar sind. Gibt es Hypothesen, die den Gedanken aufrechterhalten, daß UFOs irgendwie nicht körperlich wirklich sind, die sie aber trotzdem nicht für Halluzinationen halten?
Wir sind schon auf Beispiele gestoßen, in denen UFOs als kulturbedingte Erscheinungen gedeutet wurden, indem man sie Satan oder ihm entgegengesetzten himmlischen Mächten zuschrieb. Wenn man sich erst einmal auf übernatürliche Kräfte dieser Art berufen hat, kann man sie natürlich jeder beliebigen Macht zuordnen. Von Satan kann man erwarten, daß er verrückte UFOs baut, die so stabil wie ein Flugzeug sind, oder daß er ein Trugbild produziert, das unsere Wahrnehmungsorgane täuschen kann.
Wer Teufeln und Engeln entwachsen ist, denkt gern in Begriffen von kosmischen Mächten, gütigen sowie anderen. Man nimmt an, daß sie sich der UFOs bedienen, um uns einer Gehirnwäsche zu unterziehen. Aber ob ihr Ziel ist, uns zu täuschen und abzulenken oder unser Bewußtseinsniveau zu heben, bleibt dem jeweiligen Standpunkt überlassen. Die Theorien des französischen UFO-Forschers Jacques Vallée sind immer noch die stimmigsten (was aber nicht viel heißt). In einem Vortrag von 1975[149] legte er dar, daß eine UFO-Erscheinung das Ergebnis einer äußerst entwickelten Technologie ist. Während der Beobachtung ist es anscheinend ein realer, körperlicher, materieller Gegenstand. Aber in Wirklichkeit ist es nur zeitweise real: Im Grunde ist es eine Illusion, die dank »weit fortgeschrittener physikalischer Gesetze« eine vergängliche Seinsform annimmt. Ihr Zweck ist eine kulturelle Beeinflussung – möglicherweise, aber nicht mit Notwendigkeit unter der Aufsicht einer nicht-menschlichen Intelligenzform –, und die physiologischen und psychologischen Wirkungen sind ein Mittel zu diesem Zweck.

Vier Jahre später erweiterte Vallée seine Theorie um eine neue Dimension. Während er immer noch davon ausging, daß die UFOs selbst »die Manifestation einer Wirklichkeit sind, die unsere heutigen Verständnismöglichkeiten überschreitet«, glaubte er, daß eine unbekannte Macht sie für ihre eigenen Zwecke benütze. »Es ist nicht die Erscheinung selbst, sondern der Glaube, den sie hervorgerufen hat, der von menschlichen Gruppierungen mit eigenen Zielen beeinflußt wird.« Das heißt, auf der einen Seite gibt es die UFOs wirklich, jedoch außerhalb unseres heutigen Verstehenshorizonts. Andererseits gibt es Menschen, die diese Nicht-Verstehbarkeit ausnützen, um die öffentliche Meinung zu beeinflussen, und so ein sekundäres Phänomen schaffen. Bei der Untersuchung des Beweismaterials muß man sorgsam zwischen den »richtigen« UFOs auf der einen und den anderen, den »kulturellen« UFOs der Manipulatoren auf der anderen Seite unterscheiden.
Was die UFOs selber betrifft, so ist Vallée davon überzeugt, daß es falsch ist, sie sich als »Raumschiffe« vorzustellen: »Die UFOs sind körperliche Erscheinungen, die nicht verstanden werden können, wenn man von ihrer psychischen und symbolischen Realität absieht.«[154] In diesem Punkt kann man ihm vorwerfen, er lege sich nicht fest, aber sonst muß man ihm hoch anrechnen, daß er sich auf einem Gebiet offen äußerte, auf dem die meisten Theoretiker Angst haben, sich lächerlich zu machen. Indem er darauf beharrt, daß ein UFO irgendwie physische und psychische Merkmale vereinigt, setzt sich Vallée mit dem Phänomen auseinander, so wie er es vorfindet, und verzerrt es nicht, damit es in einen vorgegebenen Erklärungsrahmen paßt.
Zugegeben, es ist auch eine Art Ausweichen, wenn man eine Hypothese aufstellt, die Zusammenhänge außerhalb unseres Verstehenshorizonts voraussetzt. Aber weil wir einem Phänomen gegenüberstehen, das an sich schon unser Verständnis überschreitet, muß man zugeben, daß er logisch denkt! Vallées Denken ist insofern abwegig, als es die

Pfade der Wissenschaft verläßt, aber es ist kein Rückzug ins Okkulte.
In einem früheren Buch zum Thema schloß ich mit folgender Annahme: »Vielleicht ist das Geheimnis des UFO eine Summe, die jemand auf eine Tafel geschrieben hat und die in unseren Augen anscheinend bedeutungslos ist, die aber von einem großen Lehrer erdacht wurde, um unseren Horizont etwas zu erweitern.«[50] Als Hypothese gibt die Vorstellung eines Kontrollsystems nicht viel her. Aber als Denkmöglichkeit fügt sie unserem Denken eine neue Dimension hinzu.

Natürliches Phänomen – irdischer oder außerirdischer Kunstgegenstand – psychologische oder kulturbedingte Erscheinung? Jeder dieser Ansätze befaßt sich mehr oder weniger zufriedenstellend mit einem Teil des Beweismaterials für UFOs und bezieht den Rest nicht mit ein. Verlangt man das Unmögliche, wenn man auf eine einzige Erklärung hofft, die zu jedem einzelnen der Fälle paßt, mit denen wir uns in dieser Untersuchung befaßt haben? Könnte es sein, daß wir einer ganzen *Anzahl* von Erscheinungen gegenüberstehen, von denen jede Merkmale sowohl für sich als auch mit den anderen gemeinsam hat, so daß jede leicht mit einer oder mehreren der anderen verwechselt wird?
Wir haben gesehen, daß manche UFO-Theoretiker einfache und einsichtige Hypothesen anbieten – aber um den Preis, einen Teil (oft einen sehr großen Teil!) des Beweismaterials nicht zu beachten. Die geophysikalische Hypothese ist ein Beispiel dafür. Andere bieten breit angelegte Hypothesen an, die in mancher Hinsicht gut passen, in anderer weniger: typisch dafür sind die Hypothesen: »alles-spielt-sich-im-Kopf-ab« oder auch »alles-ist-außerirdisch«. Wieder andere machen kühne Annahmen, bei denen sie kleinere Hindernisse einfach in Kauf nehmen, die sich aber auf keinen greifbaren Beweis gründen: sollen der Teufel

oder die Regierung der Vereinigten Staaten dahinterstekken. Noch nach 30 Jahren bleibt das Beweismaterial für UFOs mehrdeutig. Es sagt uns laut und deutlich, daß es UFOs gibt, aber es antwortet mit gespaltener Zunge, wenn wir fragen, was sie sind und woher sie kommen.

8

Eine persönliche Einschätzung

Nur ein kühner und leichtsinniger UFO-Forscher würde mehr als eine ganz vorläufige Vermutung über die wahre Natur von UFOs wagen. Aber seit über 30 Jahren sammelt sich unablässig Beweismaterial an. Wenn nicht wir selber, dann sehen unsere Nachbarn und Freunde die Dinger und fragen sich, was sie sind. Es ist unsere Pflicht, ihnen wenigstens eine vorläufige Antwort anzubieten.
Hier also, mit allen Vorbehalten, ist meine Antwort. Erstens habe ich nicht den geringsten Zweifel, daß das UFO-Problem existiert. Die Fälle, die ich auf diesen Seiten vorgestellt habe, sind absichtlich bunt gemischt und sollen zeigen, wie mehrdeutig – und oft wie zweifelhaft – das Phänomen ist, aber auch, daß es häufig in bekannten Begriffen erklärt werden kann. Jedoch habe ich im vierten Kapitel schon Gründe dafür angeführt, warum ich glaube, daß man den Zeugen im großen und ganzen glauben sollte. Unter den Fällen, die sie berichten, sind viele, die mir höchst zwingend erscheinen. Was nun folgt, scheint mir das mindeste zu sein, wenn man dem Beweismaterial gerecht werden will.
Ich glaube, zunächst ist klar, daß UFOs kein einzelnes Phänomen sind. Ich denke, es gibt mehrere Dinge, die wir irrtümlich zusammenfassen und mit einem gemeinsamen Etikett versehen, was ein Grund dafür ist, daß sie uns so lange unverständlich geblieben sind. Ich nehme an, daß es nicht weniger als vier Quellen für Berichte über UFOs gibt:

1. Ich glaube, daß eine ganze Anzahl psychologischen Ursprungs ist. Wir wissen, daß das in den Fällen wahrscheinlich ist, in denen gezeigt werden kann, daß der Zeuge nicht die Erfahrungen hatte, die er zu haben behauptete, wie im

Fall 68. Ich denke, die Unterstellung ist vernünftig, daß ähnliche Vorgänge bei vielen anderen Gelegenheiten eine Rolle spielten, zum Beispiel bei den Fällen 11, 13, 17 und 19.

Das heißt nicht, daß man solche Fälle unbeachtet lassen sollte. Im Gegenteil, sie sind von größtem Interesse. Denn wenn auch der psychologische Prozeß bekannt sein mag, das Ergebnis dieser Vorgänge, die besondere Form der Erscheinungen – die einzigartige Komposition aus dem, was den individuellen Zeugen beschäftigt, seinem kulturellen Hintergrund und unserer gegenwärtigen Mythologie des Raumfahrt-Zeitalters, mit den konkreten Umständen von Zeit und Ort des Ereignisses zu einer zusammenhängenden und einsichtigen Phantasie verwoben, die so viele Einzelheiten enthält und so lebendig ist, daß der Zeuge selber sie ernsthaft für wirklich hält und oft andere auch davon überzeugen kann – das alles ist ein Phänomen von höchster Bedeutsamkeit, das uns aufregende neue Einsichten in das menschliche Denken bietet.

Jedoch würde ich keinen Moment lang unterstellen, daß diese Erklärungsmöglichkeit mehr als einem kleinen Teil des Beweismaterials Rechnung trüge. Sie nimmt dem Material nur etliche Unklarheiten, weil sie zeigt, daß einige angebliche UFO-Fälle in Wirklichkeit »Pseudo-UFO-Fälle« sind, in denen der Zeuge – der eigentlich nur ein »Pseudo-Zeuge« ist – die »Sprache« der UFOs benutzt, um eine Geschichte zum Ausdruck zu bringen, die sein Unterbewußtes loswerden muß.

2. Ich glaube, daß ein Teil der UFOs natürliche biologische Objekte sind, die sich im allgemeinen als Lichtbälle zeigen, die aber möglicherweise auch andere Formen annehmen können. Mehr noch, ich denke, daß diese Lichtbälle intelligent sind. Vielleicht nicht sehr, aber wahrscheinlich mehr als die meisten Tiere. Ich lasse mich gern davon überzeugen, daß es eine Verbindung zwischen die-

sen Geschöpfen und geophysikalischen Kräften gibt, aber bislang erscheinen mir die Beweise dafür nicht überzeugend. Die weitere Forschung auf diesem Gebiet mag einen solchen Zusammenhang nachweisen oder auch nicht. Die Fälle 7 und 41, um nur zwei Beispiele zu nennen, wie auch Harley Rutledges Ergebnisse (1. Kapitel) scheinen jedoch eine derartige Erklärung zu fordern. Trotzdem glaube ich wiederum nicht, daß diese Erklärung für mehr als einen kleinen Prozentsatz des Beweismaterials zutrifft.

3. Ich glaube, es besteht die Wahrscheinlichkeit, daß manche angeblichen UFOs unter Geheimhaltung von Regierungen der Erde *erprobte oder betriebene Geräte* sind. Das könnten von Menschen hergestellte Entwicklungen im experimentellen Stadium sein oder – obwohl das weniger wahrscheinlich ist – außerirdische Maschinen, die mit Duldung irdischer Regierungen arbeiten. Ich glaube, das ist die beste Erklärung für Fälle wie 23 und 32 und vielleicht für manch anderen. Aber ich glaube, es ist nicht vorstellbar, daß solche Operationen in einem Umfang durchgeführt werden, der sie für mehr als ein Tausendstel aller Fälle zutreffen ließe. Eine solche Erklärung kann die UFO-Akten von ein paar besonders aufregenden Fällen reinigen, die im Moment das Gesamtbild stören.

4. Ich glaube, es besteht allen Einwänden zum Trotz eine reale Wahrscheinlichkeit, daß eine große Zahl der UFOs *gestaltete künstliche Gegenstände außerirdischen Ursprungs* sind. Ich glaube nicht, daß uns unbedingt eine fremde Invasion bevorsteht oder daß wir eine drohende Machtübernahme befürchten müßten. Schlimmstenfalls wäre es möglich, daß eine Art von Überwachungs-Operation stattfindet, obwohl auch sie bemerkenswert unregelmäßig und unfachmännisch durchgeführt erschiene. Ich bin mir des Mangels an unterstützendem Beweismaterial wohl bewußt und auch der Unvereinbarkeit dieser Ansicht mit vielem

Beweismaterial, das uns vorliegt. Besonders stört mich das Fehlen eines klaren Hinweises auf ihren Zweck. Aber ich sehe keine andere Möglichkeit, Fälle wie die Nummern 3, 5, 42, 44, 45, 54 und 65 zu erklären, die alle Beobachtungen mit mehreren Augenzeugen von Objekten sind, die offensichtlich nicht von Menschen hergestellt wurden.

Bibliographie und Leseliste

Diese Liste enthält auch weiterführende Literatur, besonders zu Gebieten, die hier nicht angemessen behandelt werden konnten, wie John Michells Untersuchung des Zusammenhangs mit dem Heiligen Gral.

** Grundlegende Lektüre
* Empfohlene Lektüre, meist aus einem Spezialgebiet
O Gute allgemeine Abhandlung zum Thema
! Interessant, bizarr oder einfach lustig altmodisch

Es ist wichtig, auch einige der schlechten Bücher zu lesen, um das Thema richtig einordnen zu können. Nur wenn man die in der ersten Person abgefaßten Berichte von angeblich Kontaktierten wie Angelucci und Berthurum gelesen hat, kann man sich eine Vorstellung davon machen, wie ernst das Problem der Kontaktierten ist.
Wenn nichts anderes angegeben ist, wurden alle Bücher in Großbritannien veröffentlicht.
Nur ein geringer Teil dieser Bücher und Zeitschriften ist in öffentlichen Bibliotheken zugänglich. Der Autor beantwortet gern Anfragen interessierter Forscher.
(Deutsch erschienene Bücher werden in der Bibliographie mit deutschen Titeln angeführt. A. d. Ü.)

1 *ACUFOS Journal*, vol. 3, no. 6, Australian Centre for UFO Studies, Prospect S.A., Nov-Dec 1982.
2 ! Adamski, George. *Im Innern der Raumschiffe*. Ventla, Wiesbaden, 2. Aufl. 1981.
3 Adler, Bill, *Letters to the Air Force on UFOs*, Dell, New York, 1967.

4 ! Angelucci, Orfeo M. *Geheimnis der Untertassen.* Ventla, Wiesbaden, 1983.

5 APRO Bulletin, July-August 1967 (Richardson case): May-June 1968 (Vidal case). Tucson, Arizona.

6 Arnold, Kenneth, and Palmer, Ray, *The Coming of the Saucers,* Amherst Press, Wisconsin, 1952.

7 Ballester Olmos, Vicente Juan, *OVNIs, El Fenomeno Aterrizaje,* Plaza and Janes, Barcelona, 1978.

8 Barry, James Dale, *Ball Lightning and Bead Lightning,* Plenum, New York, 1980.

9 Bastide, Jean, *La Memoire des OVNIs,* Mercure de France, Paris, 1978.

10 Beckley, Timothy Green, *The New World Order,* Global Communications, New York, 1982.

11 ! Bender, Albert, *Flying Saucers and the Three Men,* Saucerian Press, Clarksburg W. Vas., 1962.

12 Benitez, J J, *Ovnis, Documentos Officiales del Gobierno Espanol,* Plaza and Janes, Barcelona, 1977.

13 * Berlitz, Charles und Moore, William L., *Der Roswell-Zwischenfall: Die UFOs und der CIA.* Moewig, Rastatt, 1984.

14 Bernard, Raymond, *The Hollow Earth,* University Books, New Jersey, 1969.

15 Bessor, John, in *Fate,* March 1951, November 1967.

16 ! Bethurum, Truman, *Aboard a Flying Saucer,* De Vorss, Los Angeles, 1954.

17 Bloecher, Ted, *The UFO Wave of 1947,* private, 1967.

18 Blum, Ralph and Judy, *Beyond Earth,* Bantam, NY, 1974.

19 Boedec, Jean François, *Fantastiques Rencontres au bout du monde,* Le Signor, Quimper, 1982.
20 Boismont, A. Breire de, *On Hallucinations,* tr. Hulme, Renshaw, 1859.
21 Bondarchuk, Yurko, *UFO Sightings, Landings and Abductions,* Methuen, Toronto, 1980.
22 ** Bowen, Charles (ed.), *The Humanoids,* Spearman, 1969.
23 Bozzonetti, Yvan, *La Propulsion des Soucoupes Volantes,* privately by author and Ouranos group, 1975.
24 Brereton, Captain F. S., *The Great Aeroplane,* Blackie, 1911.
25 BUFORA, *Vehicle Interference Project,* 1979.
26 BUFORA Journal, vol. 6, no. 2, July-August 1977.
27 Butcher, Dan, *A Reference Book of UFO Sounds,* Surrey Investigation Group on Aerial Phenomena, 1969.
28 Campbell, Stuart, *Close Encounter at Livingston,* BUFORA 1982.
29 *Canadian UFO Report,* vol. 1, no. 7, 1968.
30 * Carrouges, Michel, *Les Apparitions de Martiens,* Fayard, Paris, 1963.
31 Cathie, Bruce L., *Harmonic 33,* 1968, *Harmonic 695,* 1971, *Harmonic 288,* 1977, Reed, Wellington N.Z.
32 Chambraud, Jean Pierre, *La Corse Base OVNI,* Du Rocher, Monaco, 1979.
33 * Clark, Jerome, and Coleman, Loren, *The Unidentified,* Warner, NY, 1975.
34 * Cohen, Daniel, *The Great Airship Mystery,* Dodd Mead, NY, 1981.
35 Cohn, Norman, *The Pursuit of the Millennium,* Secker and Warburg, 1957.

36 Comella, Tom (as Peter Kor), in *Flying Saucers,* Wisconsin, May 1966.
37 ** Condon, Edward U. *Condon-Report: Wissenschaftliche Untersuchung über unidentifizierte fliegende Objekte.* Gemeinschaft zur Erforschung unbekannter Phänomene, Lüdenscheid, 1982.
38 Constable, Trevor James (as Trevor James), *They Live in the Sky,* New Age, Los Angeles, 1958, and *The Cosmic Pulse of Life,* Spearman, 1976.
39 Corliss, William, *Handbook of Unusual Phenomena,* Sourcebook Project, Maryland, 1977, quoting B. Maccabee in *Physics Today,* 1976.
40 Cramp, Leonard G., *Space, Gravity and the Flying Saucer,* Werner Laurie, 1954, and *Piece for a Jigsaw,* Somerton, 1966.
41 *CUFOS Bulletin,* Center for UFO Studies, Spring 1977.
42 CUFOS Conference Proceedings, 1976.
43 Delval, Pierre, *Contacts du 4e Type,* De Vecchi, Paris, 1979.
44 Devereux, Paul, *Earthlights,* Turnstone Press, 1982.
45 Eedle, Arthur, *The Christian Answer to the UFO Menace,* public address delivered at Warminster, 1979.
46 Evans, Hilary, ›Balls of Light‹ in *Probe Review,* vol. 3, no. 1, 1982.
47 Evans, Hilary, in *The Unexplained,* 1982-1983.
48 Evans, Hilary, in *Magonia,* no. 8, 1982.
49 Evans, Hilary, ›Abducted by an Archetype‹, in *Fortean Times,* issue 33, 1980.
50 Evans, Hilary, *UFOs, The Greatest Mystery,* Albany Books, 1979.
51 *Exeter Express and Echo,* 23 August 1979.

52 Farish, Lucius, Newsclipping service, 1982.
53 *Fate,* April 1965.
54 * Festinger, Riecken, Schacter, *When Prophecy Fails,* Harper, NY, 1956.
55 Figuet, Michel, and Ruchon, Jean Louis, *OVNIs, Le Premier Dossier Complet,* Alain Lefèvre, Nice, 1979.
56 *Flying Saucer Review,* vol. 2, no. 5 (Jansen); vol. 11, nos. 5 and 6 (Valensole); vol. 20, no. 2 (New Berlin); vol. 22, no. 4 (Himalayas); vol. 24, no. 4 (Partington); vol. 25, no. 1 (Sturno); vol. 27, no. 6 (Labrador); Special, *UFO Percipients* (›Dr X‹).
57 Fowler, Raymond, *UFOs, Interplanetary Visitors,* Exposition Press, NY, 1974.
58 * Fowler, Raymond, *The Andreasson Affair,* Prentice Hall, NY, 1979.
59 * Fuller, John G., *The Interrupted Journey,* Dial, NY, 1966.
60 * Fuller, John G., *Incident at Exeter,* Putnam, NY, 1966.
61 Fumoux, Jean Charles, *Preuves Scientifiques OVNI, l'Isocélie,* Du Rocher, Monaco, 1981.
62 O GABRIEL équipe, *Les Soucoupes Volantes, Le Grand Refus?* Moutet, Regusse, 1978.
63 Gardner, Edward L., in Conan Doyle, *The Coming of the Fairies,* Hodder and Stoughton, 1922.
64 Garreau, Charles, *Soucoupes Volantes, 25 Ans d'Enquêtes,* Mame, Paris, 1971.
65 GEPAN, *Notes Techniques no. 6: A propos d'une Disparition,* Groupe d'Etudes des Phénomènes Aérospatiaux non Identifiés, Toulouse, 1981.
66 Grifol, Luis Jose, in *Hola!,* Madrid, April 1982 and elsewhere.
67 * Gross, Loren, *The Mystery of the Ghost Rockets,* private, California, 1974.

68 * Gross, Loren E., *Charles Fort, the Fortean Society, and Unidentified Flying Objects,* private, 1976.
69 * Gross, Loren, *UFOs, a History,* Arcturus, NY, 1982.
70 Guieu, Jimmy, *Blackout sur les Soucoupes Volantes,* Fleuve Noire, Paris, 1956.
71 ! Guieu, Jimmy, *Contacts OVNI Cergy-Pontoise,* Du Rocher, Monaco, 1980.
72 Haines, Richard F. (ed.), *UFO Phenomenon and the Behavioral Scientist,* Scarecrow Press, 1979.
73 ** Hall, Richard (ed.), *The UFO Evidence,* NICAP, Washington, 1964.
74 Harold, Clive, *The Uninvited,* Star books, 1979.
75 Helms, Harry, in *UFO Report,* NY, October 1977.
76 * Hendry, Allan, *The UFO Handbook,* Doubleday, NY, 1979.
77 Holiday, F.W., *The Dragon and the Disc,* Sidgwick and Jackson, 1973.
78 * Hynek, J. Allen. *UFO: Begegnungen der ersten, zweiten und dritten Art.* Goldmann, München, 1979.
79 *INFO Journal,* vol. 1, no. 3, Arlington, Va., 1968.
80 *Inforespace,* Brussels, no. 4 (Namur photo); no. 44 (Scornaux).
81 *International UFO Reporter,* vol. 7, no. 6, Centre for UFO studies.
82 Johnson, Frank, *The Janos People,* Spearman, 1980.
83 * Jung, Carl Gustav. *Ein moderner Mythos: Von Dingen, die am Himmel gesehen werden.* Rascher, Zürich, 1964.
84 * Keel, John A., *Operation Trojan Horse,* Putnam, NY, 1970.

85 * Keel, John A., *Strange Creatures from Time and Space,* Spearman, 1975.
86 * Keel, John A., *The Mothman Prophecies,* Dutton, NY, 1975.
87 * Keel, John A., *The Eighth Tower* (reprinted as *The Cosmic Question*), Dutton, NY, 1976.
88 Keel, John A., ›The Principle of Transmogrification‹, in *Flying Saucer Review,* July-August 1969.
89 ! King, George, *The Day the Gods Came,* Aetherius Society, Los Angeles, 1965.
90 ! Klarer, Elizabeth. *Erlebnisse jenseits der Lichtmauer: Vorgeschichte und Bericht einer Weltraumreise.* Ventla, Wiesbaden, 2. Aufl. 1978.
91 ! Klass, Philip J., *UFOs identified,* Random House, NY, 1968.
92 * Klass, Philip J., *UFOs Explained,* Random House, NY, 1974.
93 Knight, David C., *UFOs, a Pictorial History,* McGraw Hill, NY, 1979.
94 * Lawson, Alvin H., ›The Abduction Experience, a Testable Hypothesis‹, in *Magonia,* no. 10, 1982.
95 ! Leslie, Desmond, with Adamski, George, *Flying Saucers Have Landed,* Werner Laurie, 1953.
96 Lind, Tom, *The Catalogue of UFO Periodicals,* Said of saucers, Florida, 1982.
97 *Lumières dans la Nuit,* Chambon-sur-Lignon, France, no. 194 (Lagarde); no. 191 (Seignes); no. 197 (St. Mandrier); no. 202 (Menton); no. 206 (Laborie case and Cornu article); no. 207 (Trans-en-Provence); Contact-Lecteurs Mars 1972 (Dax).
98 * McCampbell, James M., *Ufology,* Jaymac, Belmont, Ca., 1973.
99 Maclellan, Alec, *The Lost World of Agharti,* Souvenir, 1982.

100 ! Mattern, W., *UFOs – Unbekanntes Flugobjekt?* Samisdat, Toronto, early 1960s.
101 * Méheust, Bertrand, *Science Fiction et Soucoupes Volantes,* Mercure de France, Paris, 1978.
102 ! Menger, Howard. *Aus dem Weltraum zu dir.* Ventla, Wiesbaden, 1965.
103 ! Menzel, Donald H., *Flying Saucers,* Harvard University Press, Mass., 1953.
104 ! Menzel, Donald H., with Boyd, Lyle G., *The World of Flying Saucers,* Doubleday, NY, 1963.
105 ! Menzel, Donald H., with Taves, Ernest H., *The UFO enigma,* Doubleday, NY, 1977.
106 O Michel, Aimé, *Lueurs sur les Soucoupes Volantes,* Mame, Paris, 1954 *(The Truth about Flying Saucers,* Hale, 1957).
107 * Michel, Aimé, *Mystérieux Objets Célestes,* Paris, 1957 (?), (*Flying Saucers and the Straight-line Mystery,* Criterion, NY, 1958).
108 Michell, John, *The Flying Saucer Vision,* Sidgwick and Jackson, 1967.
109 Misraki, Paul (as Paul Thomas), *Les Extraterrestres,* Plon, Paris, 1962 (*Flying Saucers through the Ages,* Spearman, 1965).
110 * Monnerie, Michel, *Et si les OVNIs n'existaient pas?,* Les Humanoides Associés, Paris, 1977.
111 * Monnerie, Michel, *Le Naufrage des Extra-terrestres,* Nouvelles éditions rationalistes, Paris, 1979.
112 Moravec, Mark, in *Journal of Australian Centre for UFO Studies,* vol. 1, no. 3, Prospect, S.A., June 1980.
113 * NICAP, *Electro-magnetic Effects Associated with UFOs,* Washington, 1960.
114 * NICAP, *UFOs, a New Look,* Washington, 1969.
115 Oberg, James, in *Saga's UFO Report,* NY, August 1980.

116 Olsen, Thomas J., *The Reference for Outstanding UFO Reports,* Maryland, 1966.
117 ! Paget, Peter, *The Welsh Triangle,* Panther, 1979.
118 Pawlicki, T. B., *How to Build a Flying Saucer,* Prentice Hall, New Jersey, 1981.
119 *Phénomènes Spatiaux,* Paris, no. 26 (Pontejos); no. 45 (very small UFOs).
120 Pinotti, Roberto, *UFO, la Congiura di Silenzio,* Armenia, Milano, 1974.
121 Prachen, Jean. *UFOs im Bermuda-Dreieck.* Moewig, Rastatt, 1982.
122 *Probe Report,* Bristol, vol. 2, nos. 3 and 4, 1982.
123 Pugh, Randall Jones, and Holiday, F. W., *The Dyfed Enigma,* Faber, 1979.
124 * Randles, Jenny, and Warrington, Peter, *UFOs, a British Viewpoint,* Hale, 1979.
125 *Rapportnytt,* Bergen, vol. 1, 1981.
126 *Revue des Soucoupes Volantes,* Regusse, France, 1978.
127 Ribera, Antonio, *Treinta Anos de Ovnis,* Plaza and Janes, Barcelona, 1982.
128 Ribera, Antonio, *El Misterio de Ummo,* Plaza and Janes, Barcelona, 1979.
129 Rimmer, John, *Alien Abductions,* Aquarian Press, 1984.
130 *Rocky Mountain Conference Proceedings,* co-ordinator Leo Sprinkle, Laramie, Wyoming, 1980.
131 ** Rutledge, Harley D., *Project Identification,* Prentice Hall, NY, 1981.
132 ** Sagan, Carl, and Page, Thornton, *UFOs, a Scientific Debate,* Cornell University Press, NY, 1972.
133 Salisbury, Frank, in *Proceedings of the First International UFO Congress,* Warner, NY, 1980.

134 * Sanderson, Ivan T., *Uninvited Visitors,* Cowles, NY, 1967.
135 * Sanderson, Ivan T., *Invisible Residents,* Crowell, NY, 1970.
136 Smith, Frederick W., *Cattle Mutilation, the Unthinkable Truth,* Freedland, Colorado, 1976.
137 *Stendek,* Madrid, no. 9, August 1972.
138 Stevens, Wendelle C., ›Seeing is Believing‹ in *Saga's UFO Report,* Fall 1974.
139 Stevens, Wendelle C., with Herrmann, Bill, *UFO Contact from Reticulum,* private, Arizona, 1981.
140 ** Story, Ronald D., *The UFO Encyclopedia,* New English Library, 1980.
141 O Story, Ronald D., *UFOs and the Limits of Science,* New English Library, 1981.
142 ! Stranges, Frank E., (*Stranger at the Pentagon,* IEC Book Division, 1967.
143 * Stringfield, Leonard H., ›Retrievals of the Third Kind‹, in *UFO OHIO Yearbook,* 1979; *The UFO Crash/Retrieval Syndrome, Status Report II,* MUFON, 1980; *UFO Crash/Retrievals, Status Report III,* private, Ohio, 1982.
144 *Texarkana Gazette,* 28 October 1981.

145 Trench, Brinsley le Poer, *Secret of the Ages: UFOs from inside the Earth,* Souvenir, 1974.
146 *UFO, Tidskrift for UFO-Norge,* January 1982.
147 *Ufologia,* supplement to Clypeus, issue no. 6, Torino.
148 *The Unexplained,* vol. 9, p. 2121 (Cash-Landrum case), Orbis, 1982.
149 Vallée, Jacques, in *Thesis-Antithesis,* Proceedings of 1975 symposium of AIAA and World Futures Society.

150 * Vallée, Jacques, *Anatomy of a Phenomenon*, Regnery, Chicago, 1965.
151 * Vallée, Jacques, with Janine Vallée, *Challenge to Science*, Regnery, Chicago, 1966.
152 * Vallée, Jacques, *Passport to Magonia*, Regnery, Chicago, 1965.
153 * Vallée, Jacques, *The Invisible College*, Dutton, NY, 1975.
154 * Vallée, Jacques, *Messengers of Deception*, And/Or Press, California, 1979.
155 * Vesco, Renato, *Intercettateli Sensa Sparare*, Mursia, Milano, 1968 (*Intercept but Don't Shoot*, Grove Press, NY, 1971); *I velivoli del misterio*, Mursia, 1969; *Operazione pleniluni*, Mursia, 1972.
156 ! Vorilhon, Claude (›Rael‹), *Le Livre qui dit la Vérité*, Editions du message, France, 1974.
157 Warren, Donald I., ›Status Inconsistency Theory and Flying Saucer Sightings‹, in *Science*, November 1970.
158 Wells, Alice K., in *Gray Barker's Book of Adamski*, Saucerian, circa 1965.
159 ! Wilson, Clifford, and Weldon, John, *Close Encounters, a Better Explanation*, Master Books, California, 1978.
160 Winder, R. H. B., *Design for a Flying Saucer*, reprint from *Flying Saucer Review*, 1966–1967.
161 * Zurcher, Eric, *Les Apparitions d'Humanoides*, Lefèvre, Nice, 1979.

Register

Knaur

Johannes von Buttlar

(3828)

(3889)

(3930)

(3984)

(4847)